生物学

池田清彦

PHP文庫

○本表紙図柄＝ロゼッタ・ストーン（大英博物館蔵）
○本表紙デザイン＋紋章＝上田晃郷

はじめに

　なぜ生物には性（オスとメス）があるのだろう。これは生物学上の難問だ。無《む》性《せい》生《せい》殖《しょく》に徹している生物も数多くいて、それでも種族を維持していけるわけだから、わざわざ、コストをかけて繁殖のために性という装置を組み込む必要がなぜあったのだろう。

　バクテリア（細菌類）は分裂して増殖するだけで性はない。単細胞の真核《しんかく》生物（いわゆる原生生物）のうちミドリムシやアメーバなども分裂で増殖するだけで、性はない。同じ原生生物でもゾウリムシは分裂して増える以外に、有性生殖も行う。

　不思議なことに、バクテリアや分裂して増殖するだけの原生生物には寿命がないけれど、性を獲得した原生生物と多細胞の真核生物（動物、植物、菌類）は寿命を持ち、個体はいずれ死を免れない。生物は死と引き換えに性を手に入れたということなのかしら。

多細胞生物でも無性生殖を行うものはたくさんいるけれど、これらの生物の個体には寿命がある。たとえば、ヒルガタワムシという体長が1㎜にも満たない多細胞動物のグループがある。この仲間はすべて無性生殖で殖《ふ》える。恐らく、最初は有性生殖を行っていたのだろう。けれど二次的に無性生殖に切り替えて、無性生殖でも生き延びる方途を編み出したのだろうね。

昆虫の中には、同じ種であっても、棲息《せいそく》する場所によって、有性生殖をする個体群と、無性生殖をする個体群の両方が共存するものもいる。たとえば、クビアカモモブトホソカミキリというカミキリムシでは、本州に棲息するものは無性生殖を行い、西表島《いりおもてじま》や台湾に棲息するものは有性生殖を行う。この種では、無性生殖と有性生殖の切り替えは比較的簡単なのかも知れない。

爬虫類《はちゅうるい》のコモドドラゴンは稀《まれ》に未受精卵が孵《かえ》って親になることがある（すべてオスになる）。植物の多くは、無性生殖でも有性生殖でも増殖できることはよく知られている。

性の縛《しば》りが一番きついのは哺乳類《ほにゅうるい》だ。哺乳類は性分化を極端に複雑にした生物で、そのためにオスとメスの両方がいないと種族が維持できなくなってしまったのだ。いってみれば、性に関して、融通のきかなくなってしまったグループだといえる。

ＤＮＡレベルでは、ゲノムインプリンティングという現象が知られている。生存に必要な遺伝子のうち、ある遺伝子たちはオス由来（精子由来）のものしか機能せず、別のある遺伝子たちはメス由来（卵子由来）のものしか機能しない。だから、オスとメスの両方から遺伝子をもらわないと正常な親に育たない。

哺乳類では、メスが生むことができる子どもの数が限られているから、メスは少ない自分の子に、なるべく良い遺伝子を与えたい。そのために、交配相手のオスを選り好みする傾向が強くなる。反対にオスは精子の数が膨大だから、なるべくたくさんのメスと交配してなるべく多くの子を作ろうとする傾向が強い。

言い換えれば、性に関して、オスの戦略とメスの戦略は背反《はいはん》するわけだ。オスは、自分がどんなに立派な遺伝子を持っているかを示そうと虚勢を張るし、メスはオスにだまされないように用心深くなるんだね。人間も哺乳類の一種である以上、この戦略から逸脱《いつだつ》できない。

ヒトの男が、自分がどんなに優《すぐ》れていて年収も多く、子どもに優しくするかをパートナーにアピールする一方、隠れて浮気をする傾向が強いのも、ヒトの女が男の本気度を試すために、高価な贈り物を要求するのも、元はといえば、哺乳類に備わった、オスとメスの性をめぐる戦略の違いによるんだ。

自分の本心を見破られないために、言葉を使ってウソをつくのも恐らくここに起因する。それで、人間の社会は複雑怪奇になったのかもしれないね。

2016年5月

池田清彦

オトコとオンナの生物学◉目次

第2章 メスと女はかなり違う

第3章 ヒトはだいぶ変わった動物

第1章　オスと男は似ている!?

1 男はなぜ察することができないのか？

男性がセクハラをしてしまうわけ

「男の人って、鈍い人が多いよね。察することができないっていうか、なんでわかってくれないのって思うことが、ほんとに多い」

こんなふうに思っている女性は多いんじゃないかしら。それに、空気を読まない人も男性が多そうだしね。

これには、男女の脳の差が関係している。脳には「脳梁《のうりょう》」というところがあって、これは左の脳と右の脳をつなげている神経の束《たば》みたいなもの。この脳梁は女性のほうが男性より大きくて密だ。

左脳は基本的には論理を、右脳は感情面を、それぞれ司《つかさど》っている。左脳と右脳の橋渡しをしている脳梁は、論理と感情をつないでいるともいえる。

女の人は脳梁が大きくて密だから、左脳と右脳の情報が自由に行き来できる。ということは、脳全体で考えているということなのだろう。

一方の男性は、脳梁が小さい人が多いから、左脳だったら左脳、右脳だったら右脳で考えがちになる。論理と感情があまり行き来しないわけだね。

ただ、これは平均値の話で、女性なら明らかに脳梁が大きく、男性なら明らかに脳梁が小さいというわけではない。

女性でも脳梁の小さい人もいるし、男性でも脳梁の大きな人もいる。個人差はかなり大きい。

脳梁の小さい女性は考え方などが男性っぽくなったり、反対に脳梁の大きな男性は女性っぽくなったりすると考えられる。

典型的な男女の話に戻すと、論理的に考えているときは、理屈でばかり思考していて、感情面があまり入り込まないといったことが男性では起こる。だから、鈍いというか、融通がきかないというか、言葉を文字どおりにしか取れないなんてことも起こりうる。たとえば、嫌味を言われていることにまったく気がつかないとかね。そういう人は、女性ではあまりいないでしょ。

女の人は脳全体で考えるから、相手のことを徹底的に追い詰めるようなことはあまりしない。

一方、男の人は相手を徹底的に追い詰めたり、あるいは、パワハラしたりセクハラしたりしがちだ。もちろん、そんなことをしない男の人も多いけど、男性は脳梁が小さくて、察する能力に劣る人が多いから、パワハラやセクハラをするのは男のほうが多い。それがセクハラやパワハラだって、気づかないことも多いけど。

「察する力」はゴリラにもある

女性の特技に「ながら」がある。「テレビを見ながら料理をする」とか「雑誌をめくりながら電話で話をする」とか。これ、男はなかなかできない。

僕が一所懸命、原稿を書いているときに、出がけの女房に「3時ごろ、洗濯物、取り込んでおいてね」なんて言われることがある。「うん、わかった」なんて答えているけど、生返事で、すっかり右から左にスルーして原稿に没頭し

ているから、頭に全然入ってきていない。こういうことって、女の人はあんまりないのじゃないかな。

でもね、底意地が悪いのは女のほうだと思う。女性はいろいろと察することができる分、「別にいじめてなんかいないですよ」とか「私は彼女のことを思って言っただけですよ」とか、弁解も上手に(巧妙に!?)言うことができる。それから、同性しか気がつかない嫌がらせなんかも、女の人の方が得意だ。嫌がらせが起きていることを男は気がつかないことが多い。

察することができるのは、何も人間だけじゃないよ。たとえば、ゴリラなんか、相手の目を見て察することができる。ゴリラ研究の第一人者で京都大学総長の山極寿一《やまぎわじゅいち》さんから聞いた話では、ゴリラは記憶力もよくて、子供のころにかわいがってくれた人のことをずっと覚えているという。

実際、山極さんはそうした体験をしている。かつてかわいがっていたゴリラに10年ぶりに会いに行ったら、山極さんの目をジッと見て、近づいてきたというのだ。相手の目を見て、目でコミュニケーションを取る。それは察する能力と言っていいだろうね。

禅の教えに「以心伝心」というのがあるけど、ゴリラとヒトでも以心伝心が成り立つわけだ。でも、ヒトのオスには以心伝心があまり通用しないとなると、男性はゴリラを見習って、察する力をもう少し高めたほうがいいのかもしれない。

2 男はなぜモノを収集したがるのか？

男女で異なる収集のクセ

記念切手や記念硬貨、ミニカーや古い時計などを一所懸命集めている男の人は結構多い。石やマッチ箱のラベルなんてものまで集めている男性もいる。こういう男性を女の人から見ると、妙に思えるんじゃないだろうか。

もちろん、女性もモノを集めないわけじゃない。ただ、集め方はだいぶ違う。女の人は、たとえば、グラスでもお皿でも、洋服でも靴でも、きれいなものを集める。あるいは、金目のものを集める。装飾品でも、きれいで値《ね》の張る指輪やネックレス、イヤリングなど、カテゴリーを問わず幅広く集める。

男性の集め方は違う。装飾品を集めるとすると、指輪ばかり集めたりする。

ミニカーをどんどん集めるのも同じようなものだね。

僕は昆虫採集が趣味なんだけど、昆虫を集めている人は圧倒的に男性が多い。女性で虫を採ったり集めたりしている人は本当に少ない。男女のこうした違いはどうして起こるんだろう？

これにもやっぱり、脳が関係しているんだ。男性は脳のある一部分だけが活性化しがちだから、一部の特殊なものに興味が行ってしまう。

特にさっきも書いた脳梁の大きさが関係している。男性は脳梁が小さいから、たとえば、左脳で考えていることは右脳に行きにくい。主に感情面を担っている右脳に情報が行かないから、よけいなことを考える余地がない。

数学が得意な人って、男性に多いでしょ。これも脳梁の大きさと関係しているのだろうね。男性は脳梁が小さいから、左脳なら左脳で、ひたすら数学の論理を突き詰める。数学の「証明」なんていうのも、そうだね。

でも女の人は、左脳と右脳で思考や感情が行ったり来たりして、「ここはちょっとおかしいかな。アッ、でも、こんな例外もあるんだろうな。仕方ないか」みたいに思って、そのまま先に進んでいったりする。数学的思考としては、これではダメだ。

男性の場合、こうした脳の特徴がモノの収集に向かうと、ミニカーならミニカー、時計なら時計と、一部のものだけを集めることになるというわけだ。一つのものを突き詰めるのだね。

アズマヤドリは青いものを集める⁉

ヒト以外の動物でも、モノを集めることがあるのだろうか？　たとえば、カラスは空き缶を集めるのが趣味とか……。

残念ながら（？）、動物には楽しみのためにモノを集める習性はないと思う。ヒト以外の動物に収集癖はないんだ。

ただ、人間から見ると、何かを集めているように見える動物はいる。

たとえば、オーストラリアやニューギニアに棲息しているアズマヤドリという鳥のオスはメスを誘惑するために、美しい東屋を造る。

僕はオーストラリアで、アズマヤドリの一種、オオアズマヤドリの東屋造りを観察したことがある。オスは小枝などを集めて、まずトンネルを造る。続いて、その内側を青い花や青い羽などで飾り立てる。青いものなら何でもいいようで、人間が捨てていった青いプラスチックやら青い紙やらも集めてきて、飾っていく。僕にはゴミにしか見えないけれど、オオアズマヤドリには極上の飾り物に見えるのだろうね。

メスは遠くからそれを見ていて、気に入れば、東屋に入って、オスと交尾するんだ。メスが気に入らなければ、オスの労力は徒労に終わることになる。オスのオオアズマヤドリとしては、別に集めたくて集めたわけじゃないのに、という思いかもしれない。青いものを集めたあとに起こる〝いいこと〟を期待してやっているだけだからね。

アリはあっちこっちに行っては、種《たね》を集めてくる。日本在来のアリは、エサにしようと、小さな草の種を集めては、自分たちの巣に運んでいく。でも、途中でけっこう落としてしまう。それが実は、草の分布の広がりに重要な役割を果たしているんだ。そんなことでもないと、草の種は草の真下やその周辺に落ちるくらいで、分布は広がりようがない。

多少とも大きな実《み》であれば、鳥が食べて、その後、糞《ふん》と一緒に種が落ちて、

その種はあちこちに広がることができる。でも、小さい草の種は鳥も食べないから、アリのおかげで草は分布を広げることができているというわけなのだ。

誰だ!?　おこぼれでもいいから、お金が集まってこないかな、なんて思っているのは？　お金を集めたかったら、まずは体か頭を使って働かないとね。でもお金は、使ってこそ生きるものだから、アリのように、あっちこっちに落としていくことも大事だね。

3 男はなぜ若い女が好きなのか？

男は若い女に、女は孫に⁉

芸能界では、年の差カップルがよく話題に上る。最近では、20歳差、30歳差なんていうのも珍しくない。これでは、まるで親子だ。40歳以上離れている例もあるけれど、こうなると、もう祖父母と孫だ。もっとも、祖母と孫のようなカップルはめったにいないけれど。

年の差カップルはだいたい、父親と娘、祖父と孫娘みたいなのが多い。つまり、男性が思いきり年上で、女性が思いきり年下というカップルが、少なくとも芸能界ではけっこういる。結婚はしていなくても、浮気相手が30歳年下という例も多い。

「なんで男の人は、若い子ばかり好きなの!?」なんていう声も聞こえてきそうだけど、生物学的には、20代の女性はもうあまり若くない。10代半ばまでならいざ知らず、20代なら、身体的には十分に成熟している大人だ。寿命が延びたから20代を若く感じるだけだ。

男性が成熟した若い女性を求めるのは、何歳になっても自分の子供を作りたいという衝動が男性にすり込まれている可能性が考えられる。

年を取っても、若い女性とつき合って子供を作ると、自分の遺伝子を２分の１残せることになる。男性には閉経がないこともあって、年齢による性的な衰えは女性ほどではない。正確なことはまだわかっていないけれど、関心が孫でなく、若い女性に向かう理由はそういうところに隠れているのかもしれない。

一方、女性は一般的に、50歳くらいを過ぎると、若い男性とつき合いたいとは思わないんじゃないかな。子供を作りたいとも思わなくなるし、そもそも子供を産む能力自体もなくなってしまうから、関心は若い男より孫に向かう。孫には自分の遺伝子が４分の１入っているから、孫の生存を助ければ自分の遺伝子を残すことにつながる。

今は、男女ともに非常に長生きするようになったから、男性が40代、50代、60代……になっても、20代くらいの女性とつき合えるようになったとも考えられる。早くに死んでしまったら、年齢差が30歳も40歳も開いたりすることはありえないから。

財力はやっぱり必要

かなり年下の妻や彼女がいる男性の相手は当然、若い女性だ。ではどうして、彼女たちはおじさんやおじいさん(!?)たちとつき合うんだろう?

この辺の心理はおじさん(!?)の僕にはあまりわからないけれど、若い女性は少なくとも、年上の男性に財力は求めるんじゃないかしら。たとえば、25歳の女性が58歳の男性と結婚するかどうかを考える場合、男性が貧乏で、借金まで背負っていたら、仮にいい人だと思っても、まず結婚しないと思う。

反対に、男性の金融資産が3億円とわかったら、一歩も二歩も、自然に(!?)体が動くかもしれない。あと20年してあの人がいなくなったら、3億円は私のものに……。そのとき私は45歳。うん、まだまだイケル。……なんて打算的に考えるかもしれない。もちろん、みんながみんな、そうだとはいわないけれど。

男性のほうも、金はともかく若い女性がいいと思っているのなら、どちらもハッピーだろうから、ウィンウィンゲームだね。

チンパンジーやゴリラは熟女がモテる

ほかの動物も、若いメスのほうがモテるんだろうか？　実はそんなことは全然ない。

たとえば、チンパンジーやゴリラ。彼らはある程度、年を取ったメスのほうがモテるんだ。どうしてだろう？

理由は……年を取っているほうが子育てが上手だから。逆にいうと、若いメスは子育てが下手。だから、処女はまったくモテない。このあたり、人間とはちょっと違うかもね。

チンパンジーやゴリラでは、子供をすでに産んでいるメスのほうがモテる。そのほうが子育てがうまそうだと、オスが判断するんだろうね。人間のオス

(!?)の場合、「あの女性は子供3人産んでるから、子育て、しっかりできそう。よし、今度、映画に誘ってみるか」なんて考えないから、対照的だ。

チンパンジーやゴリラはピチピチの若い子より熟女のほうがモテるというわけだけど、どっちかというと、僕は人間のほうがヘンだと思う。子育てが上手な女性に、自分の子供を育ててもらったほうが自分の遺伝子を残せる可能性が高まるので、生物学的に考えれば、チンパンジーやゴリラの方が合理的だ。

4 男の自殺者はなぜ女より多いのか？

自殺未遂に失敗して自殺してしまう女性

とても痛ましいことだけれど、日本で自殺する人は決して少なくない。ここ数年は3万人を割るようになったけれど、それでも、年間2万数千人は自殺している。未遂を含めると、当然、ずっと多くなる。

自殺した人の男女比を見ると、男性のほうがずいぶん多い。近年のデータを見ると、少なくとも2倍以上は男性のほうが多いことがわかる。どうして男性のほうが自殺するんだろうか。

一つには、男性は女性より突き詰めて考える傾向が強いことが影響しているのだろう。さっき、男性はミニカーならミニカーばかりを集めると書いたでしよ。あるいは、筋道や論理をトコトン考える数学が得意だったりする。それらは脳梁の大きさとも関係している。そうした特徴を持つ男性はよくないことが起きたときも突き詰めて考えて、行き詰まってしまうと、死という道を選んでしまうのかもしれない。

もう一つは、生物学的に見ると、男性は死んでも、人類全体の生存にはあまり影響がないということも考えられる。〝産む性〟でもある女性で自ら死を選ぶ人が増えると、ヒトという種《しゅ》が大きな打撃を受けるからね。

女の人はやっぱり強いよ。その強さは、何かあっても、「まぁ、しょうがないか」と思えるところにある。考えてもしょうがないから、とりあえず夕ご飯食べようか。そんなふうに思えるしなやかさが女性にはある。

多くの男性には、そうした強さはない。大きな失敗や苦しみ、悲しみがあると、男はご飯が喉《のど》も通らなくなる。もちろん人によるけれど、平均的にはそういえる。

自殺者は男性のほうが多い。でも、自殺未遂をする人は女性のほうがずっと多い。つまり自殺の〝本気度〟は男性のほうが高いことになる。

さらに、こういってはなんだけど、女性の場合、自殺未遂に失敗して自殺してしまうこともある。本気度は低くて、自殺するふりをしたのに、そのふりに失敗してしまって、本当に自殺してしまうなんてことが、女の人の場合はときどき起こってしまう。これはこれで悲劇だね。

反対に、中年男性は自殺に失敗することは少ない。静かに完璧に自殺するのは、特に中年男性の特徴かもしれない。

人間の細胞も自殺している

ヒトが自ら死ぬのは個体の自殺だ。そうではなく、「細胞の自殺」もある。これは「アポトーシス」と呼ばれるよ。「個体が生命を維持するために、要らない細胞や危ない細胞を殺してしまうこと」だ。

たとえば、僕たちの手足には5本の指があるけれど、もともとは水かきのような形で指はくっついていたんだ。「もともと」というのは母親のおなかの中のことで、胎児の段階の話だ。お母さんのおなかの中で育つ過程で、よけいな細胞が自発的に死んでいって（「自殺」だね）、5本の指が形成されたのだ。

人間の体の中ではほかにも、細胞の自殺がある。たとえば、免疫に関わるリンパ球の一種であるT細胞が作られる過程でも大量の自殺が起こる。

T細胞には、その前段階の原始的な細胞（いわばT細胞の卵の時期）があって、その細胞は非常にたくさん作られる。どれが役に立つかわからないから、とにかくたくさん作ることにしているんだろう。

その原始的なT細胞は成長する過程で、胸腺《きょうせん》で選抜される。胸腺というのは、胸骨の後ろのほうにあって、リンパ球の分化や成熟に関係している器官だ。

役に立つか立たないかで分けられて、役に立たないと判断された原始的なT細胞はアポトーシスに追い込まれる。つまり、自殺させられるんだ。胸腺に入ったT細胞の卵たちの実に96～97％は死んでしまう。僕らの体の中では、こうした〝自殺行為〟が日々、繰り広げられているんだ。

むごたらしい殺戮《さつりく》にも思えるけれど、アポトーシスがなければ、免疫はうまく働かず、僕らは生き続けることができない。そういう意味では、体内の細胞の自殺行為のおかげで、僕もあなたも存在していているといえる。

バッタは集団自殺する!?

ところで、人間以外の動物は自殺するんだろうか。

レミングというネズミの仲間は集団自殺をする、という話を聞いたことがある人もいると思う。確かにそうした話はあるんだけど、あれは集団自殺ではない。住んでいるところの密度が高くなりすぎて、住めなくなったから、ほかのところに集団で移動しているんだ。

個体数が安定した状態に維持されるように、集団の密度を調節しているんだ。これは「密度効果」といわれる現象だ。大勢でどんどん移動していく途中、うまくいかずに、川などで溺れたりして、死んでしまうレミングもたくさん出てくる。人間には、その様子が集団で自殺しているように見えるんだね。

棲息地に食べ物がなくなると、トノサマバッタやサバクトビバッタなどのバッタも集団飛行をする。バッタが大集団をなして移動するこの現象は「飛蝗《ひこう》現象」と呼ばれて、農作物に壊滅的被害を与えることでも知られている。

この際、長距離を移動しやすいように、バッタは羽が長くなり、体色が黒くなり、体がスマートになる。でも、一部には羽が短いままのバッタもいる。これは基本的に余り移動しない。これなら遠くまで移動したバッタたちが仮に全滅しても、移動しなかったバッタは滅ばないですむ。

飛蝗現象で多くのバッタは死んでしまうから、それを目の当たりにした人間からすると、これも集団自殺に見えてしまう。でもこれも、密度効果なんだ。レミングもバッタも草食である。草食だと共食いができないから、エサがなくなると、エサのあるところに移動しないと生きていけない。

これがたとえばカマキリだったら、共食いする。ケージの中にカマキリを何匹か入れて、エサを与えないでいると、共食いを始める。共食いしないと、共倒れしてしまう。

脳が発達したから起こる悲劇

ちょっとシニカルな見方をすると、人間の戦争も密度効果の側面があるかもしれない。戦争というのはだいたい、食料や資源が限られている時に、その取り合いで起こる。

人口が増えて食べ物が少なくなってくると、戦争が起きる。戦争で多くの人が死んで、人口が減る。これは密度効果だ。この点では、人間もレミングやバッタと同じかもしれない。

個人の話に戻ると、ヒトは脳が発達しすぎたために自殺もするようになったのだろう。そうとう高度な動物、たとえばチンパンジーですら自殺はしない。チンパンジーもゴリラも、トラもライオンも、イヌもネコも、あるいはサバもサンマも、人生、というか、自分の生をはかなんだりはしない。

でも、イヌなどはうつ病になるというね。それでも、イヌが自殺をしたという話は聞いたことがない。

ヒトの脳が発達したのはヒトという種の繁栄にとってはよいことだけど、よいことがあれば、よくないことも起こりうる。ヒトの自殺はその一つかもしれない。

5 男はなぜ女にプレゼントをしたがるのか？

大昔の贈り物は食べ物

誕生日やクリスマスに夫や恋人からプレゼントをもらったことのある人は多いだろう。でもそもそも、どうして男性は女性にプレゼントを贈りたがるのだろうか。

おそらく有史以前から男性は女性に贈り物をしていたと思う。最も重要なプレゼントは食べ物、特に肉だったのじゃないかと思う。

食べ物をもらうと、女性の気持ちは男性になびく。食べることは生きていくために何より大切なことだから。すると、男性はその女性とセックスをして、子供を作る可能性も高まる。

子供ができたあとも、男性から食べ物をもらえると、子育てをしやすい。もちろん、女性自身が生きていくためにも、食べ物は必要だ。食べ物という贈り物をくれる男性は大昔からモテたのじゃないだろうか。

食べ物の贈り物が時代を経て、現代社会では、たとえば宝石になったり、バッグになったり、花になったりしたのだろうね。男性が女性を食事に誘うのは、今でもデートの定番の一つだ。レストランでごちそうするのは、食べ物をプレゼントしていることと基本は同じだ。

オドリバエのオスは、なんとラッピングしてプレゼントする

意外に思うかもしれないけれど、人間以外にもプレゼントをする動物はいる。

たとえば、オドリバエ。「ハエのくせに、プレゼントなんて贈るの!?」と驚いている人もいそうだけど、ハエのくせにプレゼントを贈るんだ。

オドリバエは1㎝ほどの小さなハエで、世界中に約3700種類もいる大きなグループだ。その中の一部の種《しゅ》では、オスがメスに贈り物をする。この行為

には、「婚姻贈呈」なんて、しゃれた呼び名がついている。

何を贈るかというと、やっぱり食べ物だ。小さな昆虫や小さなクモが多い。メスがその食べ物を食べている間にオスは交尾をする。なかなか抜け目がないね。オスは色気、メスは食い気といったところかな。

昔、学生と一緒にオドリバエの婚姻贈呈を調べたことがある。30例以上観察したところ、交尾中のメスは例外なく贈り物を抱えていた。「これは私のもの! 私が食べるの!!」とか思って抱えて、交尾されてたんだろう。

さらに驚くことに、そのうち2例は同種のオスの遺骸を持っていたことだ。オスは恋敵《こいがたき》を殺して、メスへの贈り物にしていたんだ。すごいというか、恐ろしいというか……。

驚くべきことはまだある。ある種のオスはプレゼントを渡すときに、ラッピングまでする。ハエが贈り物を包装紙に包む様子を目の当たりにしたら、夢でも見ているとしか思えないかもしれないけれど、本当だ。もちろん、紙で包むわけじゃない。

〝包装紙〟はオスが自分の分泌液で作る。獲物をその分泌液でくるんでメスに

母さん
ちょう結びって
どうやるん
だっけ
オマエも
そんな年に
なったのねぇ
FOR
YOU

渡すのだ。中身だけでなく、包装紙の美しさでも勝負しているのかもしれない。人間界にも、きれいな包装紙はたくさんあるものね。

別のある種のオスは中身がなくて、ラッピングだけをメスに渡すふとどき者（？）みたいだ。「わぁ、きれいだな」と思って、中を開けたら、何も入っていない。「エッ、何これ!?」なんて思っている間に、オスに交尾されることもあるのだろうな。メスからしたら、詐欺みたいなものかもしれない。

ボノボが贈り物をするわけ

ピグミーチンパンジーという異名をも

つ、チンパンジーに系統的に近いボノボもプレゼントを贈ることがある。中身はやはり食べ物が多い。

ボノボはオスからメスへだけでなく、オスからオスへも、メスからメスへも、プレゼントを渡す。集団で暮らしているから、争いを避けたり、親密度を深めたりするために、贈り物を活用しているのだろう。

チンパンジーとボノボは系統的に近いと書いたけれど、チンパンジーやボノボとヒトもずいぶん近い。700万年くらい前にチンパンジーとボノボの系統とヒトの系統が分かれて、300万年くらい前にチンパンジーとボノボが分かれたという経緯があるから、遺伝的には、チンパンジーとボノボとヒトはかなり近い。

人間も、ボノボと同様にプレゼントを贈る。日本人だと、お中元やお歳暮を性別に関係なく贈る。これもボノボと同様に、親密度を増す効果があるかもしれない。

6 男はなぜストーカーになるのか？

女性は「一所懸命」ではない!?

「ストーカー」という言葉はすっかり社会に浸透した。今はストーカー規制法もあるから、ストーカー行為は犯罪にもなりうる。

このストーカー、男女ともにいるけれど、警察庁の統計などを見ると、男性が加害者で、女性が被害者の場合が圧倒的に多いようだ。男性はどうしてストーカーになってしまうのだろうか？

ま、ひと言でいうと、男はバカなんだろうね。……って、それではなんの答えにもなっていない!?　生物学者として、それでいいのか!?　なんて、言われそうだから、ちょっと分析してみると、この問題は脳梁の大きさと関係があると考えられる。

前にも書いたように、男性のほうが脳梁が小さい。ということは、左右の脳の情報があまり行き来しないから、男性は集中して物事に取り組む傾向がある。この集中が勉強や仕事、スポーツ、芸術などに向かうと、著しい成果を発揮することができる。

ところが、その集中がたとえば失恋した女性に向かうと、その女性のことがいつまでも忘れられず、引きずって、その人につきまとうなんてことも起こりうる。

彼女の会社帰りに駅で待っていたり、偶然を装って姿を現わしたり、毎日、何十回も電話をかけたりメールを送ったり、さらには脅迫したり、何かを強要したり……。こうした行為をして、相手から訴えられたら、犯罪になってしまう可能性が十分にある。

男性は左脳と右脳の情報が分断しがちなので、思考の幅が狭い。だから、フラれても、好きになった女性を忘れられなくて、いつまでも思い続ける。それがエスカレートすると、逆恨みして、最悪の場合、その相手を殺してしまう。

近年、問題になることの多いストーカー殺人だ。

「アモク」というマレー語がある。通常では考えられないような公然たる殺人者のことだ。プライドを傷つけられた人が、自分のプライドを回復するために暴れたり、無差別殺人などの重大事件を引き起こしたりする。これがアモク・シンドロームで、アモクはほとんど男性にしか見られないといわれている。

ストーカーもアモクも、どちらも行為が暴走してしまう点では共通している。それから、暴れたり殺したりしたことを隠すことが少ない。呆然《ぼうぜん》として、我《われ》に返って、そのまま逮捕されるというパターンが多い。

「一所懸命」という言葉がある。今は「一生懸命」とも書くけれど、元は「一所懸命」と書いた。

一所懸命は「一つの所に命を懸ける」の意味で、中世の武士が自分の領地を命懸けで守ったことに由来している。この「一所懸命」も男性的かもしれない。

武士の一所懸命は立派だろうけれど、今の時代、恋愛がもつれて、「別れたい」と言った女性に一所懸命になられても、その女性は迷惑だ。「もう私に一所懸命にならなくていいから！　お願い、どこかほかの所に行って！」と言いたくなるに違いない。

女はシラを切る

前にも書いたけれど、女性の脳は脳梁が大きいから、思考が左脳と右脳を行ったり来たりして、拡散できる。だから「ながら思考」も「ながら行動」もできる。料理を作りながら明日のことを考えたり、スマートフォンをいじりながらテレビを見たりできる。でも、男性は「ながら」は不得手だ。

女性にもストーカー行為をする人はいるけれど、やり方は男性と違うことが多い。アモクのような公然たる殺人事件に至ることは少ないと思う。

もちろん、女性が人を殺すこともある。こういうとき、女の人が男性と違うのは、女性は〝逃げる気満々〟なことである。

「知りません」「私はやっていません」「そのとき、私はそこにいませんでした」……あの手この手を考え、生きながらえようと必死になる。保険金殺人とか、女性による殺人事件のニュースなどを見ていると、なかなかしたたかな人が多い。簡単につかまって、簡単に自供しがちな男とは、この点、けっこう違う。

女の人は犯罪行為だけにすべてを懸けるんじゃなくて、トータルにいろいろなことを考えられるのだろうね。言い訳とか逃げ道とか、つかまったとしても、そのあとのこととか。それは、男女の脳の違いに関係しているのだろう。

動物はストーカーにならない

ほかの動物もストーカー行為をするのかしら？

好きになったメスにつきまとうオスのクマとか、狙ったメスは必ず落とすオスのワニとか、オスに何度フラれても追いかけ回すメスのカエルとか、いるのだろうか？

結論をいえば、そういう動物はめったにいないね。普通は、ホドホドのところであきらめる。

動物は基本的にはメスに拒否権がある。だから、メスが嫌だというと、オスはあまりしつこくしない。無理に交尾しようとするようなこともないわけではないけれど、多くはない。

サルなんか、わりにいい加減に交尾するんだけど、それでもメスは、今交尾すると子供が生まれる、というのがだいたいわかるみたいだ。そういうときは、自分の気に入ったオスと交尾するらしい。イザというときは、しっかり相手を選んでいるようだ。

動物が交尾をするのは、基本的には自分の子供を残すためだ。それ以外では、ほとんど交尾はしない。

ただ例外もいて、それはボノボだ。ボノボは交尾をコミュニケーションの道具としても使う。その点、ヒトと同じだ。

動物はストーカーはまずしないと書いたけれど、アホウドリという非常に興味深い動物がいる。

アホウドリに関しては長期間の観察が行なわれいて、その結果、アホウドリは純愛かストーカー行為か、なかなか微妙な行動を取ることが確認された。これについては、あとで詳しく書くことにする。

純愛かストーカーか

純愛かストーカー行為かといえば、人間の場合も結構微妙だ。たとえばかつての日本では、フラれてもフラれてもアタックし続けて、ついにつき合うことになって、結婚に至ったなんていう話が美談として語られることも少なくなかった。映画やドラマにも、そういう話はわりにあったような気がする。

知り合いの女性に「なんであの人と結婚したの?」と聞いたことがあってね。そうしたら彼女、「だってあの人、断わったら、泣いちゃって。かわいそうだなと思って、それで結婚した」と答えたんだ。

断わられても、断わられても、しつこくアタックする。そうこうしているうちに、女性のほうも情にほだされて、つき合ったり、結婚したりする。こういうケースは、かつてはけっこうあったに違いない。

でも以前は、ストーカーという概念がなかったから、問題になることも少なかった。むしろ純愛が実ってよかったと、褒め称えられたりした。時代が変わると、周りの見方も変わることになるわけだ。

7 男はなぜ〝汚ギャル〟に幻滅するのか?

動物がきれい好きとは限らない

〝汚《お》ギャル〟などと呼ばれる女性がときどきテレビで放送されているようだ。

まぁ、常識的に考えても、汚い女性が好きな男性はごく少ないに違いない。風呂にも入っていなくて、臭くて、フケが肩に降りかかっている女の人に魅力を感じる男性は、なかなか特殊な趣味の持ち主以外にはいないと思う。

片づけられない人や、ひどくなると、〝汚部屋〟やゴミ屋敷に住んでいる人もいる。芸能人など、華やかな職業に就いている人も例外じゃない。

一方、動物はきれい好きというイメージを持っている人が多いかもしれない。たとえば鳥の巣が汚くなるなんて、思っていないに違いない。

しかし、実際は鳥の巣には彼らの糞がいっぱい落ちていて、ダニをはじめとするパラサイトがたくさんいる。少なくとも人間の感覚からすると、きれいとはいえない。

とはいえ、それはやはり人間の視点だ。動物にはその動物に好ましい環境があるはずだ。

たとえば、イノシシやシカはぬた場に入って、体をこすりつけたり泳いだりすることがある。ぬた場って、イノシシやシカが泥を浴びる場所のことだけど、彼らは体についているダニなどの寄生虫や汚れを落とすためにぬた場に入るといわれている。

ぬた場では糞尿もするから、やっぱり人間の感覚では考えられないよね。しかし、彼らにしてみれば健康を保つためにぬた場に入るのである。

作家の部屋はだいたい汚い？

ゴミ屋敷や汚部屋レベルには達しないけれど、僕も片づけられない人間の部類に入るかな。掃除も整頓も不得手。部屋や机の上だけでなく、パソコンの中もけっこうグチャグチャだ。パソコンには、膨大な資料が未整理のままドサッと入っている。

かつて手書きで原稿を書いていたころは、机の上は20〜30cm四方のスペースしかなかった。それで全然平気だった。

でも今はパソコンを置かないといけないから、そのスペースが必要になってけっこう困る。資料を置くスペースも確保しないといけないからね。

それでも夏は床に置いておけばいいから、まだいい。でも、冬になると、床暖房を入れるから、床に置いておくわけにもいかなくなる。だから、机の上に置くんだけど、ますます机が狭くなる。季節が変わるたびに、資料が床から机、机から床へと大移動する。

若いころ、三畳半の部屋で仕事をしていたときは、資料がうずたかく積もって、天井に迫っていたこともあった。

きれい好き、片づけ上手の人には理解不能の世界かもしれないけれど、ちょっと弁明すると、名をなした作家には、部屋が乱雑な人が多い。はたから見ると、片づいていなくて汚いんだけど、本人はどこに何があるか、けっこうわかっている。資料の位置が脳にしっかり刻み込まれているんだ。

とはいえ、男女ともに汚いよりもきれいなほうが、片づいていないより片づいているほうが仕事の効率もいいだろうし、過ごしやすいのは間違いないだろう。それに、不潔な人は、やっぱりモテないと思う。

8 男の体はなぜ女より大きいのか？

男は女の1・2倍大きい!?

バブル景気のころ、「三高」なんて言葉が流行ったことがあった。高学歴、高収入、高身長の三つで、女性が結婚相手に求めた条件が「三高」だった。このうち、高身長は文字どおり身長が高い男性がモテるということなんだろうけれど、そもそも女性より男性のほうが概して背が高く、体が大きい。

世界的に統計を取ってみると、男性の体は女性の体より平均1・2倍大きいことが分かっている。この1・2倍という数値は結構重要なんだ。

実はこの数値、ヒトは一夫一妻ならぬ一夫一・二妻が平均だということを表している。

日本では今、法的には一夫一妻制だけが許されている。日本以外にも、一夫一妻制の国は多い。現代社会では、最も一般的なスタイルだ。でも、イスラム教を信奉している国では、一夫多妻制の国もある。なかには、伝統的な制度として一妻多夫や多夫多妻を取っている地域もある。

これらの平均を取ると、ヒトはおよそ一夫一・二妻になるんだ。それで、1対1・2という数字は、女性と男性の体格の比率とほぼ一致するというわけだ。

ヒトの男女比はほぼ1対1だから、一夫一・二妻ということは、一人で複数の妻を持つ男性がいる一方で、妻を持てない男性もいるということになる。日本も江戸時代などには妾を持つことが認められていた。身分が高い武士などには側室がいることも珍しくなかった。

一方、江戸時代の江戸には女性が少なく、男性過多だったから、江戸の女の人はモテたという話もある。お金がある男の人は遊郭に通って遊ぶこともあった。これらは女性の側からすると、いろんな男性とつき合ったようなもので、一妻多夫に近かったかもしれない。

ハーレムの実態

哺乳類《ほにゅうるい》は、基本的にはオスのほうがメスより大きい。一夫多妻の傾向が強まるほど、オスとメスの体重差は大きくなる。もっといえば、一夫何妻かの割合とオスとメスの大きさの比率は近い。ヒトの場合は1対1・2でほぼ一致している。

極端な一夫多妻はゾウアザラシだね。オスはメスの4～5倍くらい大きい。なかにはメスの7倍以上の大きさになるオスもいる。

いちばん強いオスのゾウアザラシにメスがわらわら集まって、あぶれた多くのオスはその周りにゴロンと横になっていたりする。ゾウアザラシはハーレムを作るのだ。一頭のオスが多くのメスを囲っている。

一度はハーレムの主《ぬし》になってみたい。そう思った男性は多いだろうが、ゾウアザラシのハーレムの実態を知ったら考えを変えるに違いない。

確かにハーレムの主になれれば、多くのメスと交尾できるし、自分の子供もたくさん残せる。でも、あぶれたオスたちの中には「われこそは！」と、玉座を狙っている者もいる。

となると、主はときどき挑戦を受けることになる。もちろん、勝つことも多いだろうけれど、栄枯盛衰、盛者必衰の理《ことわり》はゾウアザラシの世界にもある。主もいずれは負ける。年も取るし、くたびれてもくる。

主の平均寿命はほかのオスよりもずっと短いというから、主の人生ならぬアザラシ生(!?)はなかなか過酷であることがわかる。いい思いをする一方、厳しい現実もあるわけだ。

最近の研究では、いろいろ興味深いこともわかってきた。ハーレムの子供たちの父親はみんな主だと昔は考えられていたけれど、どうもそうではないらしい。あぶれたオスたちも、ちゃっかり子供を作っているみたいだ。

主が交尾をしたり、戦ったりしているときに、自分の気に入ったメスのところに行って、チャカチャカチャカと交尾をすることもけっこうあるという。ただゴロンとフテ寝しているわけでもないらしい。そういうちゃっかりもののオスが好きなメスもいるようだしね。

そういうことがわかっても、やっぱりハーレムの主になりたい？　あぶれたまま、のんびりちゃっかり生きるほうが楽しいかもしれないよ。

交尾をするのも命懸け

哺乳類以外では、メスのほうが大きい場合も珍しくない。たとえば、魚はメスのほうが大きいことが多い。なぜかというと、メスは卵をたくさん産まないといけないから。多くの卵を体内に宿すには、体が大きくないといけないでしょ。

カマキリもそうだ。メスは多くの卵を産むから、オスよりずっと大きい。カマキリはオス同士では戦わないし、メスと戦っても、オスはメスにかなわない。下手したら、オスはメスに食べられるから、逃げ足が速いほうがいい。だったら、身軽ですばしっこいほうがオスには有利だ。大きくなるメリットは、カマキリのオスにはない。

ジョロウグモというクモもメスのほうが大きい。ジョロウグモの「ジョロウ」は女郎、つまり遊女のことだ。ただ、江戸幕府の大奥の高級役職や貴婦人などの意味がある上臈《じょうろう》から来ているという説もある。

そのジョロウグモ、大きな巣を張って、その真ん中にデンと鎮座《ちんざ》しているのはメスだ。ハエやカといった小さな獲物だけでなく、自分より大きなトンボやバッタも網にかかれば、素早く近づいて、毒液を注射して動けなくしてしまう、なかなかやり手のハンターだ。

オスはというと、巣の周辺部にチョロチョロ張りついていて、メスのおこぼれにあずかりつつ生きている。

それでもオスは、たまにメスに向かって突進していく。交尾を試みるんだ。そのとき、メスが腹を空かせていると、メスはためらうことなく、オスを食べてしまう。ということは、オスとしては、メスがほかの獲物を食べているときが狙い目だ。

それにしても、ジョロウグモのオスにとって交尾は命懸けだ。ジョロウグモのオスにはなりたくない。

9 男はなぜ権力や名誉を欲するのか？

男の欲、女の欲

「男の人って、なんであんなに威張るの？」と思ったことのある女性は多いんじゃないでしょうか。あるいは「あの男の人、なんかエラそう」とか「そんなに出世したいの？」とか思った女性もいるでしょう。

一般的には、女性より男性のほうが権力欲は強い。女性にも権力欲はあるんだけれど、質が少し違う。

男性は意識が未知の世界に向かったり、抽象的なことを考えたりする。たとえば、皇帝や王になると、国家の支配や運営を考えるばかりでなく、他国を侵略しようなどと考える。国体とかイデオロギーとか大義なんていうのを考えるのも、だいたい男だ。「国体を守るために命を捨てる」といったことは、女性はまずしない。

戦国末期、全国を統一した豊臣秀吉はその後、朝鮮に二度、兵を出している。東アジアを支配下に置こうとしたのかもしれないけれど、そんなどうしようもないことを考えるのも、やっぱり男だ。

女性は仮に皇帝や王になっても、どちらかというと身の回りの具体的なことに興味を持ちがちだ。あの貴族は気に入らないから懲《こ》らしめようとか、あの女は前の王の愛妾《あいしょう》だったから殺してしまえとか。意識があまり外には向かわない。

僕が思うに、多くの女の人は、国家なんて実在しないと、心のどこかで思っているんじゃないかしら。なくなっても平気というか。自分と自分の家族が平穏で楽しければそれでいいと思っているような気がするけど。どうだろう？

これは男女の違いではなく、エリート層か庶民かの違いだけど、たとえばタイではしょっちゅう政変が起こる。エリートや都会のインテリたちはいろいろ騒いでいるけれど、田舎の庶民にはあまり関係ないことだと思う。庶民にしてみれば、治めたい人が治めればいいんじゃないの、という気持ちだろう。

そんなことより平和でのんびりできて、ご飯をたくさん食べられて健康でいられれば、それでいい。タイに限らず、多くの庶民はそういう思いで生きているに違いない。

女はできるだけラクな仕事をしたい？

仕事に対する向き合い方も、男女では多少異なる。女の人は、同じくらいのお金をもらうなら、簡単な仕事のほうがいいと思っている人が多いような気がする。月給が同じ20万円なら、できるだけ面倒でない仕事、簡単で心身の負担にならない仕事の方がありがたい。一方、男性はやりがいのある仕事をしたがる。男女とも、そうでない人ももちろん多いけれどね。

僕が勤めている早稲田大学は教授と准教授の給料が同じなんだ。こういう大学はちょっと珍しいと思う。

准教授から教授になるには自分の業績を教授会に申請して審査してもらわないといけない。

多くの人は男性でも女性でも、大体教授になりたがる。准教授だと、学内だけでなく、対外的にも格好悪いと思うのかもしれない。

でもまれに申請しない人もいる。だって、給料は同じだし、教授になると、何かと忙しくなるから嫌なのかもしれない。教授になれる資格があるのにならない人は、僕の個人的な見解では男性より女性の方が多い気がする。

勲章なんていうものも、もらいたがるのは、だいたい男だ。男性は名誉とか名声といったものを女性より欲する傾向が強いようだ。

自伝を残したがる男性もけっこういる。自伝を書いて、何十万円とか100万円とかのお金を使って自費出版して、知り合いに配る。

でも、正直なところ、読む人はほとんどいないと思う。それでも本人は、充実感が得られて満足なのだろう。

その点、女性は、「エッ、50万もかかるの。それなら、やらない」となることが多そうだ。

メスに気に入られることが大事

ほかの動物にも権力欲のようなものはある。たとえば、ニホンザルのオスはトップに立つと多くのメスを支配できるから、自分の子供を残せる確率も高くなる。そのためにも、できればボスになりたい。さっき紹介したゾウアザラシでも、それはいえる。

トップで居続けるには、メスに気に入られることが大事だ。大分市に高崎山《たかさきやま》自然動物園という自然公園があるんだけど、その高崎山には野生のニホンザルがいっぱいいる。

このサルたちを調査した人によると、リーダーになるには体力だけでは不十分で、エサ場を知っていたり、群れ全体に気配りして、敵に襲われないように配慮するなど、よい指導者でないと務まらない。

高崎山にはかつて「ジュピター」というオスが老いて死ぬまで、長い期間ボスとして君臨していたんだけど、彼は多くのサルからリスペクトされていたみたいだ。年老いて、体力が落ちてからもボスで居続けるには、周りから敬われていないと難しい。ジュピターは特にメスたちから尊敬されていたみたいだ。

これは人間社会でもいえる。会社の管理職は男性が占めているケースが多いけれど、少なくとも中間管理職は女子社員に好かれていないと、部下をうまく統率できないし、それ以上の出世も難しい。女子社員に嫌われている管理職が率いる部署では、業績も上がらないだろう。女性は嫌な上司のために懸命に仕事をしたりしないからね。

会社でもそういうことをわかっている人は、偉い立場の人よりも、むしろ事務の女子職員に気を遣っていることが多い。

彼女たちと仲良くしていると、普通ではなかなか分からない会社の人間関係の情報なども教えてくれる。コピーが急に１００枚くらい必要になったときも、快く引き受けてくれたりする。

そういう関係を日頃から築いておくことは、なまじ上司におべんちゃらを言うより大切だと分かっているんだね。

男性の権力欲や名誉欲がかなうかどうかは、女性にリスペクトされるかどうかにかかっている側面もある。ま、僕はそういう類の欲にはあまり興味がないけどね。

10 男はなぜ戦争をするのか？

女は生への執着心が強い

日本は１９４５年８月の敗戦以降、戦争をしていないけれど、世界を見渡せば、この数十年でも多くの戦争が起きている。イラン・イラク戦争、フォークランド紛争、湾岸戦争、ユーゴスラビア紛争、イラク戦争……そして最近では、シリアの内戦など、戦争は世界のあちこちで起き続けている。

どうして人間は戦争を起こすんだろうね。戦争を起こすのは、圧倒的に男性が多い。女の人が戦争を起こしたことはほとんどない。アルゼンチン軍のフォークランド諸島への侵攻に対して、当時の英国の女性首相、マーガレット・サッチャーがすかさず艦隊や爆撃機をフォークランドへ派遣して戦争になった事例（1982年のフォークランド紛争）などはあるけれど、女性が率先して戦争を起こすことは少ない。サッチャーは脳梁が男並みだったのかしら。

男はどうして戦争したがるんだろう？　男はつまらないことに意地を張ってしまうんだと思う。イデオロギーとか国体とか大義とか、どうでもいいことに命をかけて、それで敵と味方に分かれて、大勢が殺し合うのは愚かじゃないか。

しかも、戦争を起こすのはだいたい指導者層で、多くの庶民や女性たちは巻き込まれるだけだ。強制的に協力させられたり、家や土地を奪われたり、殺されたり、いいことは何もない。

女性のほうが生きることへの執着心が強いことも、女性が戦争を起こさないことと関係があるだろうね。女の人は子供を産み育てる。子供のためにもそうやすやすとは死ねない。しなやかに強く生き抜く必要がある。

一方、男性は権力志向が強くて、瞬発力が強い反面、ストレスに対する耐性は弱い。心も体も柔軟性に欠けるから、気持ちも体力もポキッと折れてしまいがちだ。

19世紀の西部開拓時代、幌馬車《ほろばしゃ》などを使って、アメリカの東部から西部へと多くのアメリカ人が移住した。西部に到着するころには亡くなる人も多かったけれど、なかでも死亡率がいちばん高かったのは、当初、体力に満ちて元気満々だった男性たちだった。女性のほうがしなやかでしたたかなんだろう。

狩猟採集民は戦争をしない

意外に思うかもしれないけれど、ヒトが戦争をするようになったのは農耕を始めてからだと考えられている。狩猟採集時代のヒトはまず戦争をしなかったと思われる。狩猟採集民が戦争をするメリットはないからだ。

狩猟採集民は蓄えをほとんど持っていないから、戦争をしても相手から得られるものはほとんどない。単に相手を殺すことは戦争の目的にはなりえないし、殺した相手の肉を食べるということもあったけれど、リスクが高いわりには得るものは多くない。

負かした相手を奴隷にしようとしても、狩猟採集の世界では、奴隷はあまり役に立たない。奴隷を狩りに行かせても、そのまま戻ってこないだろうしね。

ところが、農耕を始めると、余剰穀物をためておけるようになって、蓄えができる。

自分のところは不作でほとんど何も実らなかった。このままでは、みんな飢え死にしてしまう。でも、風の便りに聞くには、山を二つ越えた村では豊作だという。よし、襲撃して、作物を収奪しよう。こんなことを考えるようになる。相手方も手をこまぬいているだけではないだろうから、戦《いくさ》になる。

狩猟採集民は好戦的で農耕民は厭戦的《えんせんてき》というイメージを抱いている人が多いかもしれないけれど、農耕民のほうがずっと好戦的なのは間違いない。

一か八かに懸ける男たち

人間は、よけいなことをする動物でもある。戦争なんていうのも、考えようによってはよけいなことだ。

男女で比べると、よけいなことをするのは男に多い。女の人、特に大人の女性は基本的には保守的で、今の生活が守れれば、それでいいと考える。よけいな波風は立てたくない。でも男性は、一か八か打って出る。もちろん全員ではないけれど、そういう人は男性に多い。冒険や探検が好きなのも、若い男性に多い。

サルでも、冒険的な新しいことをするのは、だいたいオスだ。それも、若いオスに多い。まれに若いメスも冒険をする。

宮崎県に幸島《こうじま》という島があるんだけど、その幸島で最初に芋を洗って食べたニホンザルは何と若いメスなのだ。これはちょっと珍しい。海水でゴシゴシ洗って芋を食べてみても、別に害はない。

しかし、最初に行なうのは、勇気がいる。海水で洗うことで、もしかしたらおなかを壊すかもしれないし、最悪、死んでしまうかもしれない。おいしそうに食べているのを見て、若いサルたちが真似をして、徐々に順位の上のサルに伝わり、ついにはみんなが真似するようになって、芋を海水で洗って食べるのは、幸島のサルの文化として定着したのだ。

これは想像だけど、ヒトで最初にキノコを食べたのは男性だろうね。それもきっと若者だ。ずいぶんたくさん犠牲者が出て、食べられるキノコを探し当てていったんだと思う。

戦争は密度調節の一つ

前に密度効果について書いた。個体数が安定した状態に維持されるように、個体数の密度を調節するのが密度効果だ。

ヒトはほかの動物に食われることがそれほどないから、食べ物が豊富なら人口はどんどん増えていく。すると、人口密度が高まって、伝染病が流行して、人口が減る。これも密度効果のひとつだ。幸運にも伝染病が流行しないと、人口が増えすぎて食べ物が足りなくなる。当然、飢えて死んでしまう危険性が高まる。

だから、ほかの村などに侵入して、食べ物を奪おうとするんだけど、そうなると、戦争になって、死者が大勢出て、人口は減る。これも密度効果の一つといえるわけだ。

それで、平和な時代がまたしばらく続くんだけど、大規模な不作などがまた起きたりすると、戦争が再び起きて、大勢死んで、密度調節がなされる。こうしたことが繰り返されてきたと考えることもできる。

「戦争はよけいなこと」と書いたけれど、密度調節の面からいえば、有効な手段ともいえる。もちろん、だからといって、戦争をするのがいいといっているわけでは、まったくない。

アリは情け容赦ない

人間以外にも、戦いをする動物はいる。まぁ普通は、動物の戦いは個体間の戦いで「戦争」とは違う。多くの動物は戦いのルールが決まっていて、無闇に殺し合わない。

たとえば、オオカミは戦いの最中にもう負けだ、かなわないと思ったほうがおなかを見せる。降参の合図だね。すると、相手もそれ以上、攻撃しない。ゴリラも戦うことはあるけれど、子供やメスなど、仲裁に入る者がいるらしい。そのあと、胸を叩くドラミングなどをして、言いたいことを言って(!?)、戦いは収まるみたい。「まぁまぁまぁ」といった感じで、手打ちになるんだろうね。

いちばんひどい戦いをするのは、アリだ。アリの戦いは容赦がない。

たとえば、アメリカ・アリゾナ州の半砂漠地帯に棲《す》むアカシュウカクアリは巣単位、つまり巣対巣といった形で戦うんだけど、90％以上の巣は創設されて1年ほどの間に、ほかの巣との戦いに敗れて全滅してしまうんだ。生き残った巣は大きくなって1万匹ほどのアリを擁《よう》して、女王のアリが死ぬまで、最長で20年も存続する。

ヒアリとオオズアリの戦いもすさまじい。これらのアリは普段は共存している。オオズアリのテリトリーにヒアリが入ってくると、オオズアリはそのヒアリをすぐに殺してしまうので、ヒアリはオオズアリの巣の存在に気がつかない。

でも、なかには包囲網をかいくぐって逃げ帰るヒアリもいて、オオズアリの巣の場所を仲間に教えるんだ。すると、ヒアリの軍団がオオズアリの巣に攻め込むのだ。

ヒアリとオオズアリでは、オオズアリのほうがずっと大きいのだけど、数ではヒアリが圧倒的に多い。互いに徹底的に戦うが、小さいヒアリが数に任せて、毒を吹きかけて回って、オオズアリを圧倒していく。これは負けいくさだ

正直俺らでも
引くわー!

も判断したオオズアリは兵隊アリだけを前線に残して女王アリも働きアリも卵、幼虫、蛹《さなぎ》をくわえて遁走する。残った兵隊アリは徹底的に戦って全滅する。

オオズアリの兵隊アリの死骸がゴロゴロと転がって、戦いは終わる。ヒアリはその死骸を巣に持ち帰って、エサにするわけだ。

ほとぼりが冷めたころ、オオズアリの女王アリや働きアリが戻ってきて、同じ場所にまた巣を作る。その頃にはヒアリはオオズアリの巣の場所を忘れている。ヒアリとオオズアリの共存がまた始まる。それで、ヒアリがまたオオズアリの巣を見つけると容赦のない戦《いくさ》がまた始まるわけだ。こんなひどい戦い＝殺し合いをするのは人間とアリくらいだ。

人間とアリの違いといえば、アリは過去の戦いのことなど覚えていないんだけど、人間はしっかり覚えていて、恨みや憎しみが受け継がれていくことだね。恨みがなくともアリの戦いも終わらない！

第2章　メスと女はかなり違う

11 女の浮気はなぜバレないのか？

男はつい言ってしまう

男女ともに浮気はするに決まっているけれど、バレるのはたいてい男性だ。女性の浮気はあまりバレない。なんでだろう？

僕が思うに、男の人はすぐ友達に話してしまうからだ。若い女性と浮気をしているのは友達に対する自慢なのだ。それが回り回って、女房の耳に入ってしまう。バカだね。

でも女性は、そんなアホなことしない。女の人は自分の不利になるようなことはできるだけ避ける。浮気がバレて、離婚することになった場合、慰謝料を取られる。女の人は、そんなの、絶対イヤだから、浮気はこっそりひっそりする。

　そもそも女性はダンナが気遣いを怠らないで、しっかり向き合っていれば、浮気なんかほとんどしないものだ。でも男性は、相手はけっこう誰でもいいところがあって、チャンスがあれば、浮気に一直線⁉　で、自慢して、バレる。やっぱりバカだ。

　男の人にとって、モテて、いろいろな女性とつき合うことは、一種のステータスなのだ。だから「これまで15人とつき合った」なんてことが自慢話になる。

　でも「私は25歳までに15人の男とつき合ったの。すごいでしょ」と女の人が言ったりすると、周りはかなり引くと思う。多くの男性とつき合ったり関係を持つことが、女性にはあまりステータスにならないんだね。このあたりは今は不公平かもしれないけれど、将来の社会では変わるかもね。

女のほうが性に積極的？

　意外に思うかもしれないけれど、ゴリラ、チンパンジー、それからヒトなどの霊長類では、オスよりむしろメスのほうが性的な冒険心は強いんだ。オスは手近なところでメスをつかまえて、交尾するけれど、メスはけっこう大胆にその群れに入り込んで、オスと関係を持ったりする。

オスは他の群れに入ると警戒されるが、メスはあまり警戒されないことに加え、自分の群れだと、兄と妹、おじと姪などの近親交配《きんしんこうはい》になる可能性もある。メスが群れを出るのは、近親交配を避ける意味もあるかもしれない。近親交配を繰り返していると、近交弱勢《きんこうじゃくせい》といって、体の弱い個体が生まれる可能性が高くなる。

反対に、違う群れの異性と交わって生まれた子供は優秀になる可能性が高まる。たとえば、アメリカのオバマ大統領はケニアからアメリカに留学した黒人の父親とカンザス州出身の白人の母親との間に生まれた、ハイブリッドだ。オバマは学業に優れ、弁護士などを経て、大統領にまで上り詰めている。

日本のタレントでも、最近はハイブリッドの人が多い。女性だと美人で、勉強や仕事ができる人が多い印象を受ける。

日本人も今や国際結婚する人は珍しくないけれど、男性の場合は日本にいる外国人と結婚して、日本で結婚生活を送っている人が圧倒的に多い。

反対に女性は外国へ行って、その国の男性と結婚するケースがかなり多い。『私の夫はマサイ戦士』（永松真紀、新潮文庫）という本があるように、アフリカのマサイ族の男性に嫁ぐ日本人女性もいるくらいだ。

霊長類では、メスのほうが性的な冒険心は強くて、メスは外へ飛び出していくことが多いのだ。

ダーウィンとウェッジウッドの意外な関係

ただ一方では、近親との結婚で優れた遺伝子が受けつがれて、非常に優秀な人が出てくることもある。

進化論で有名なダーウィンの一族と陶磁器で有名なウェッジウッドの一族は、いとこ同士で何組も結婚している。チャールズ・ダーウィンの妻はウェッジウッド二世の娘のエマだ。でも、悪い遺伝病になった人がいたという話はほとんど聞かない。むしろ反対に、銀行家や科学者、技術者として成功している人が多い。

だから、一概に近親交配が悪いとはいえないけれど、病気の遺伝子があると、遺伝病になりやすいので、一般的には避けた方が賢明だ。

昔は近親婚は珍しくなかった。おじと姪の結婚もあったしね。でも、今の日本では、おじと姪は結婚できない。現在の民法では、四親等以上離れていないと結婚できない。おじと姪は三親等だからダメなんだ。いとこ同士は四親等だから結婚できるんだけど、最近はあまり聞かなくなった。

アホウドリの純情

男女関係については、動物の世界にも面白い話がいろいろある。たとえば、第1章で「アホウドリの行為は純愛かストーカーか」という話に少し触れたけど、アホウドリは決して浮気をしないんだ。一夫一妻制で、一度つがいになると、どちらかが死ぬまで添い遂げる。

僕がいちばん心を動かされたのは、あるオスの一途な行動だ。アホウドリは一時期、絶滅の危機に瀕していた。伊豆諸島の鳥島の繁殖地がガケ崩れで荒廃し、長谷川博さんという研究者が鳥島の別の新しい場所で繁殖を試みたんだ。

彼はその場所に「デコイ」という鳥の模型をたくさん設置して、アホウドリをおびき寄せようとした。すると、一つのデコイを気に入ったオスがやってきた。オスは一所懸命に求愛のダンスを踊る。踊って踊って踊って踊りまくる。でも、メスはうんともすんとも言わない。模型なんだから、当たり前だよね。

でも、そのオスはあきらめない。そのデコイをとっても気に入ったらしく、毎年、太平洋を渡って、鳥島のその場所に来ては、決まったデコイの前で一所懸命踊る。相手は模型だから、無視され続けるんだけど、へこたれない。そして、その行動をなんと9年間も続けたんだ。これはストーカー行為と言うより純愛だろうね。他の鳥に迷惑をかけていないのだから。

同じ鳥でも、シジュウカラは様子がだいぶ違って、つがいでいるのは一年限り。翌年には別の異性とつがいになる。

貞操帯をはめられるチョウチョがいる⁉

虫の世界のセックスもなかなかおもしろい。トラカミキリムシのオスは逃げるメスを追いかけて、メスの首を噛む。すると、メスは観念して、交尾に至る。ネッキングと名づけられている行動だ。カミキリムシにも性感帯があるのかしら。そういえば僕の知り合いにも「私、耳たぶを噛まれると、もうダメなの」という女の人がいたな。

モンシロチョウのメスが交尾するのは普通一回だけだ。というのも、一回交尾すれば、受精嚢《じゅせいのう》という袋にオスの精子をためておいて、受精できるからなんだ。交尾したあとに、別のオスが迫ってきたら、おなかを立てて、翅《はね》を広げて、拒否する。

キャベツ畑の上をモンシロチョウが飛び回っているのを見ることがあるでしょ。あれは、ほとんどオスなんだ。

モンシロチョウのオスはさなぎから羽化してくるメスを待っているんだ。羽化したとたんに、襲いかかって（⁉）交尾するのが目的だ。

それで、一回、交尾されたメスはそれ以降は交尾行動はエネルギーのムダだから、拒否する。

ギフチョウというチョウのセックスも興味深い。オスは交尾したあと、自分の尻から分泌物を出して、それをメスの腹部に貼り付ける。〝貞操帯〟をはめられたメスは、二度と交尾できなくなる。オスは自分の子孫だけを残したいのだ。

自然界を見渡すと、純情派もいるし、思いのままに行動する浮気派もいる。オスとメスでも違うしね。どんなやり方でも種が存続すればかまわないわけだ。

12 女はなぜ記念日を覚えているのか？

私小説を書くのは女性が多い

結婚記念日に初デートの日、告白された日に初めてもらったプレゼントなど、女性はいろいろな記念日や出来事をよく覚えていることが多い。男はこういうの、からきし覚えていないのが普通だ。まぁ、結婚記念日くらいは覚えているだろうけれど。男女のこういう差はどうして起こるんだろう。

基本的に女性は保守的なんだと思う。性に関しては、外に出ていって、冒険的なことをする側面もあるけれど、子供ができたあとは、平穏な生活を守る必要がある。

だから、女性は身の回りのことをよく覚えている。あのときはああだった、このときはこうだったといった私的なことをしっかり記憶している。

過去の政変とか大事件よりは、結婚記念日とか自分や夫、子供の誕生日、あるいは、誰々さんはいつ何をプレゼントしてくれたとか、そういう私的なことをよく覚えている。

男は誰に何をもらったかなんて、ほとんど覚えていない。僕なんかも、講演会に行くと、主催者などからいろいろなものをいただくけれど、正直なところ、誰に何をいただいたか、ほとんど覚えていない。覚えているのは、珍しい酒をもらったときくらい。これじゃあ、プレゼントのしがいがない。

男女のこうした違いは小説にも現われる。私小説の作者は女性のほうがずっと多い。私小説は作者自身が体験したことを基礎にして、物語りやら心境やらを綴っていく作品だからね。

ブログなどを見ても、女の人は日常の出来事を事細かに書く。散歩中にイヌのハッピーがほかの大きなイヌに吠えられたとか、今日は高校の同級生とどこそこでランチしたとか、会社でちょっとうれしい出来事があったから今夜は高いワインを開けたとか、こまごま書いて、それで、イヌのハッピーや食べたランチや飲んだワインの写真をブログにアップする。男の僕からすると、そんな面倒くさいことをよくするよと思う。

こうした行為の背景には身の回りの人に「認められたい」という欲求があるんだと思う。社会に認められたいというより、自分の身の回りの人に認められたい。学生時代からの友人だったり、ママ友だったり、会社の同僚だったり、そうした身近な人たちに認められたり褒められたりしたいという気持ちが強いのだろうね。

料理と科学の実験は似ている

私小説を書くのは女性のほうが多いけれど、歴史学者の女性は少ないね。東京大学教授の加藤陽子さんなどいるにはいるけれど、多くはない。

歴史は身の回りだけでなく、より広い世界を見ないといけないし、書物をもとに研究することが多いから、自分の体験とは関係ない。そういう意味では、数学と共通する点もある。世界の大数学者に女性はいない。

女性は、全体としては、数学や歴史よりも生物学などの実験科学のほうが向いている。科学の実験は料理と似ている。料理は手順や火加減のあんばいなどが重要だ。実験も手順や加減などが大切。それに料理も実験も、全体に気を配らないといけない。そうしたことは、脳梁の大きな女性のほうが得意だ。左脳と右脳の両方で、つまり脳全体で考えることができるからね。

実際、動物の飼育や細胞の培養などは、男性より女性のほうが上手な人が多い。

少し前にＳＴＡＰ細胞が大きな話題になった。ＳＴＡＰ細胞はマウスのリンパ球に外部からストレス（刺激）を与えることで作り出されたとされた万能細胞のことだ。当時、理化学研究所に所属していた小保方晴子さんを中心とするチームが研究をしていた。

このＳＴＡＰ細胞は結局インチキだったんだけど、当初はその存在を僕も信じていた。女性だから、実験もうまいんだろうと、初めのうちは納得していた。途中でこれはインチキだ、と気づいたけどね。

ヒトは刹那的な生き物

記念日というわけではないけれど、ヒト以外の動物もいろいろなことを覚えているんだろうか。

ゴリラは自分のことをかわいがってくれた人間のことを覚えていると、第1章で書いた。ゴリラは記憶力がいいみたいだ。

イヌもいろいろなことを覚えている。飼い主ではなくても、食べ物をくれた人やかわいがってくれた人のことはよく覚えている。反対に、蹴飛ばされたとか、意地悪されたといった人のことも覚えているに違いない。

イヌは基本的には快か不快かを基準に覚えているのだろう。だから、自分にとってどうでもいいような人のことはあまり覚えていないと思う。それから、イヌは社会性のある動物だから、自分より後から家族になった赤ちゃんを自分より下と思い込む傾向がある。

イヌは嗅覚が発達しているから、イヌが浮気をするのは難しいと思う。たとえの話だけど、メスのイヌがダンナ以外のオスを家に連れ込んだとしよう。そこにダンナのオスイヌが帰ってきて、慌てた間男イヌが勝手口から出ていっても、ダンナイヌはきっと気がつく。「5分前まで、ほかのオスがいただろ」って。においでわかってしまうのだ。

でも、同じことを人間がやった場合はけっこうバレないと思う。ベッドをちゃんと整えて、「あなた、お帰りなさい。今日は早かったのね」なんて言えば、気づかれないに違いない。

ヒトは視覚に頼って生きている動物だ。目で見えるものなんて、一瞬一瞬消えていくでしょ。そういう意味では、ヒトは刹那的な生き物である。

13 女はなぜ男より長生きなのか？

100歳以上の人の9割近くは女性

今や日本人は世界有数の長生き国民だ。特に女性は「平均寿命・世界一」にしばしばなっている。

2014年の日本の平均寿命は、男性が80・50歳、女性が86・83歳。女性のほうが6歳ほど長生きだよ。

100歳以上の人も女性のほうが多い。2015年の報道によると、全国に約6万1500人いる100歳以上の高齢者のうち、87・3％は女性だそうだ。

世界一長生きしたとされている人も女性だ。フランス人のジャンヌ・カルマンさんは1997年に122歳5ヵ月余りで亡くなった。確実な証拠がある中では、史上唯一120歳を超えて生きた人といわれている。

オールド・パーというスコッチ・ウィスキーがある。あのウィスキーのラベルを見ると、「オールド・パー　152歳」と書いてあるんだよ。長生きしたといわれるパーじいさんにちなんで付けられたウィスキー名だけど、それにしても、152歳はウソだよ。

男性で最も長生きした人は日本人の木村次郎右衛門《じろうえもん》さんで、2013年に116歳2ヵ月弱で亡くなった。ジャンヌ・カルマンさんより6歳早く亡くなった。日本の男女の平均寿命の差と同じだ。

どうして女性のほうが長生きなんだろうか。

一つには、出産直後に女性が亡くなることが大幅に減少したことが挙げられる。昔は出産後に産褥熱《さんじょくねつ》などの感染症によって亡くなる人も多かったけれど、今ではずいぶん減った。

男はジャンクな染色体をつかまされた⁉

女性のほうが長生きなのは、X染色体とY染色体の長さの違いじゃないか、と言う専門家がかつていたけれど、そのことも少しは関係していると、僕は今も思っている。

ヒトの体はおよそ37兆個の細胞からできている。各細胞にはそれぞれ核があって、その核にはすべて同じDNA（デオキシリボ核酸）が入っている。さらに、そのDNAはそれぞれの核の中で23対《つい》、46本の染色体に納められている。染色体は二つで一セットということだね。

23対のうち、22番目までは常《じょう》染色体（「通常の染色体」の意）で、最後の23番目は性染色体だ。性染色体にはXとYの二種類がある。

例外はあるけれど、ヒトでは、XとYの性染色体を持つ個体が男性（オス）、XとXの性染色体を持つ個体が女性（メス）になる。ヒトに限らず、哺乳類の性染色体の組み合わせは基本的には、XYはオス、XXはメスなんだ。サルもイヌもトラもウサギも、こうなっている。

性を決めているのは、XYとかXXとかの性染色体自体と思う人もいるかもしれないけれど、そうではない。性を決定しているのはY染色体の上に乗っているSRY（性決定遺伝子／睾丸決定遺伝子）という遺伝子なんだ。このSRYがあればオス（男性）、なければメス（女性）になるのだ。

男性はXとYの二つの染色体をもっているけれども、Y染色体は小さくて、乗っている遺伝子も100個くらいしかない。SRY以外には、生存を左右する重要な遺伝子はないようだ。SRY以外はジャンクみたいなものだ。

一方、X染色体は大きくて、非常に大事な染色体だ。乗っている遺伝子も1000個くらいあって重要なものも多い。Y染色体の10倍だ。

XXはXYより強い!?

男性の精子に入っている性染色体はXかY、女性の卵に入っているのはXだけだ。父親のY染色体をもらった卵はXYで男性になり、父親のX染色体をもらった卵はXXで女性になる。

男の子はX染色体を母親からしかもらえない。となると、そのX染色体に異常な遺伝子があった場合、病気になる可能性が高くなる。さっき書いたように、重要な遺伝子を持っているのはX染色体で、Y染色体は性差を決めるSRY以外はさほど大した遺伝子を持っていない。

片や、女の子は父親と母親の二人からX染色体を引き継いでいる。ということは、どちらかのX染色体に異常があっても、もう一方の染色体の遺伝子が正常ならば正常な遺伝子が異常な遺伝子を抑え込むことができる。多くの場合、正常な遺伝子が優性で異常な遺伝子は劣性なのだ。

こうしたことから、男性より女性のほうが遺伝的な病気に強く、それが女性のほうが長生きする原因だと思われていたのだ。

男性ホルモンは体を痛めつける

女性のほうが長生きする大きな理由はもう一つある。それは男性ホルモンの分泌量の差だ。

SRYがあって、これが働くと、睾丸ができて、オスになる。それで、睾丸ができると、男性ホルモンが分泌される。

メスはSRYがないから、睾丸から男性ホルモンが分泌されることはない。男性ホルモンが分泌されると、体が活性化されて元気になるけれど、エネルギーを作るためにミトコンドリアが働き、その副産物として活性酸素も分泌されてしまう。活性酸素は体内に侵入した細菌などの異物を攻撃するなど、僕らの体にとって大切な役割を果たしている。一方、体内の重要な高分子を酸化させて、老化を促進させる少々やっかいな存在だ。

女性も男性ホルモンを睾丸以外から分泌しているんだけど、その量はごくわずかだ。男性ホルモンというだけあって、男性のほうがずっとたくさん分泌している。

昔、中国に宦官《かんがん》と呼ばれる人たちがいた。去勢された男性の役人で、皇帝や後宮に仕え政権を左右することも多かった。

当時の去勢手術はリスクも多く、三割は死亡したと言われるが、そこを乗り越えれば、一般の男性よりも長生きする人が多かったようだ。睾丸を取ってしまうから、男性ホルモンがほとんど出なくなって、女性化する。それで長生きしたのだろうね。

女性が閉経しても生き続けるわけ

ヒト以外の哺乳類でもオスよりメスのほうが長生きすると思うけれど、本当のことはわからない。データがないからね。特に野生動物に関する平均寿命のデータはほとんどない。

多くの動物は繁殖能力がなくなったら、寿命がくることは確かだ。でも、人間は例外だ。特に女性は50歳くらいで閉経したあとも、最近では数十年も生きている。こういう動物は他にいない。

自分の遺伝子を伝えるという観点からすれば、繁殖能力がなくなった個体が生き続けるのは無意味だ。その種《しゅ》の個体数の増加に貢献しないし、若者の食べ物を奪うことにもなるからだ。繁殖能力がある若い者に食べ物を回したほうがその種にとってはいいはずだ。

ではなぜ人間、特に女性はこんなに長く生きているかというと、孫の面倒を見ることで、自分の遺伝子をよりたくさん残せるからだという説がある。

昔は女性は何人も子供を産んだ。5人とか7人とか10人とか。これだけ子供

が多いと、母親だけで面倒見るのは大変だ。

でも、おばあさんが孫の面倒を見れば、母親も父親もずいぶん助かるし、幼子《おさなご》の死亡率も下がる。すると、おばあさんにとっても、孫に入っている自分の遺伝子がよりたくさん残ることになる。自分の遺伝子を残すために、女性は長生きしているという説だね。

14 女はなぜギャンブルを好まないのか？

宝くじは当たらないよ

ギャンブルが好きなのは、男性に多い。競馬場にも競艇場にも、男はワンサカいるけれども、女性は少ない。

しかも男性は、一か八かの勝負をするのが好きだ。競馬でも、〝穴好き〟はみんな男だ。穴馬《あなうま》狙って、1万円を100万円に増やそうとか、そんなこと、女の人はあまり考えない。

女性が好きなギャンブルといえば、宝くじだ。ギャンブルではないけど、懸賞も好きだね。

宝くじの好きな男性も多いけれど、賭け方はかなり違う。ドンと30万円くらい賭ける男性はいても、そういう女性はほとんどいない。女性が買う場合は、1000円とか3000円くらいが多いと思う。

しかし、そもそも宝くじなんて、当たらないのだよ。年末ジャンボ宝くじの1等の7億円が当たる確率は2000万分の1といわれている。そんなの、当たるわけないでしょ。

飛行機に乗って死ぬ確率は20万分の1くらいといわれるけれど、それよりもずっと低い。一般的には、200万分の1以下の確率はないものと見なす、とされている。となると、宝くじで7億円当たることは「ないもの」になるね。

僕は女房に頼まれて、宝くじをときどき買うけれど、「1億でも7億でも、当たったら全部あげるよ」と、女房に言ってある。絶対に当たらないと思っているからね。

男より女のほうが価値がある!?

ギャンブル好きの男と堅実な女。この差は男性よりも女性のほうが種《しゅ》の個体としての価値が高いことと関係している。

たとえば江戸時代には、貧乏なお百姓の次男、三男の嫁のなり手はなかなかいなかった。これはいわば、この男性たちの価値が低かったということだ。ところが女の人は、次女だろうが、三女だろうが、器量がよくなかろうが、まあ大体どこかに嫁ぐことができた。あるいは、正妻でなくとも大旦那の妾になったりした。

反対に価値が低い男性は一か八か勝負に出て自分の価値を高めようとするパトスが女性より高かったろう。豊臣秀吉は低い身分から天下人にまで成り上がったし、彼が仕えていた織田信長は若いころ、権勢を誇っていた今川義元に戦いを挑んだ。これらの人はまさに、人生＝ギャンブルって感じで生きていたに違いない。こういう危険なことは女性はしない。

女性はリスクをあまり取らなくても、男性が勝手に寄ってくる。特に若い男は性欲旺盛だから、女性と見れば、見境なく猪突猛進する（ヤツもいる）。口説き落とすために、お金を貢いだり、おべっかを言ったり、男性はなかなか大変だ。時には冒険する必要にも迫られる。

一方、女性は基本的に男性を選ぶ立場だから、冒険する必要はない。一部の女性はアフリカのマサイ族に嫁ぐほどに性的な冒険心を持っているけれど、一般的には女性は男性を待っていればいい。こうしたことも、女性がギャンブルにはまらないことと関係していると思う。

でも、女性は懸賞がけっこう好きだよね。ハガキで応募できる懸賞も多い。これはリスクが52円のハガキ代だけなのであまり気にならないのだろう。

マンボウは究極のギャンブラー？

動物界でも、一か八かの勝負に出るのは、やっぱりオスだ。たとえば、第1章で紹介したゾウアザラシは、戦って、ハーレムの主《ぬし》になれば、周囲のメスと自由に交尾できて、子供もたくさん残せる。

でも、負けたほうは大きな傷を負って、死ぬことが多い。まさに命懸けの戦いだ。

勝って、ハーレムの主になっても、安穏とはしていられない。いつ誰が挑んでくるとも限らないし、主の座にずっといられるわけでもない。

偶然の幸運を当てにしている動物もいる。

マンボウはなんと3億個もの卵を産むんだ。1匹で3億個ということは、1匹で日本人の総人口の2倍以上を産むということだ。もし3億個の卵がすべて親になったら、海はマンボウで埋め尽くされてしまう。

でも、もちろん、そうはならない。マンボウの子供の大半はほかの動物に食べられてしまうからだ。

親になるまでのマンボウの生存確率は、1億分の1以下だ。ヒトにたとえれば、日本には今、1億2千数百万人の人がいるけれど、このうち生きながらえるのは1人程度ということだ。すさまじく低い生存確率だ。マンボウに生まれなくてよかったと、つくづく思う。

動物が子育てをする方法は大きく分けて二つある。一つは少数の子を産んで丁寧に育てる。もう一つはたくさん産んで放っておく。前者の代表はヒト、後者の代表はマンボウだね。

子育てに関しては、ヒトは石橋を叩いて渡る感じで、マンボウは思いきり偶然を当てにしている。見方によってはギャンブラーと言えないこともない。やっぱりヒトの子として生まれたほうがいいね。

植物にもマンボウ的な生き方をしている種がいる。タンポポは、風を利用して、種《たね》（種子《しゅし》）をたくさん飛ばす。種が着地した場所が生育に適していれば、発芽して、生長していくことができるけど、その確率は非常に低い。でも、一つ一つの種子に運命を懸けているわけじゃない。下手な鉄砲も数撃ちゃ当たるという戦略だ。

狩猟採集時代の名残

さて、女性がどうしてギャンブルを避けたがるか、その理由をもう一つ挙げてみよう。それは「損をしたくない」女性の心理が関係している。手堅く生きたいんだ。

典型的なのは、1円でも安いものを探して、あっちの店、こっちの店と、あちこち見て回ること。でも男の僕は、そんな時間と手間をかけるなら、パートなどで働いたほうが結局得するのに、といつも思う。

男女の違いの一つに、時間に対する考え方がある。中学生や高校生の勉強の仕方でも、男子は集中して効率的にする人が多い。ここは一気呵成《いっきかせい》にやって、あとは遊びに行こうとか考える。

でも女子は、地道にコンスタントにがんばる人が多い。効率はあまり考えない。

これは狩猟採集時代の名残なんだと思う。狩りをするとき、男性はひたすら待ったり、ここぞというときに襲いかかったりする。単に時間をかければ多くの獲物が得られるわけではない。一番大事なのは、チャンスに全力を尽くすことだ。

一方、女性は狩りではなく、植物を採集することが多かった。収量は時間をかければかけるほど多かったろうから、コンスタントに頑張るやり方が適している。となると、集中やメリハリといった感覚はあまり養われない。

ただし、現代ではキャリアウーマンといわれる女の人は男性に近い。買い物なんか、とても早い。そっちとこっちとあっちを比べて、いちばん安いところで買おうなんてことはしない。パパパッと買って、ササササッと料理して、食べて、明日の仕事の準備をして、ササッと寝る。仕事のできる男と同じやり方だ。

もちろん、どちらがいいとか悪いとかという話ではないよ。大きな賭けをして、大儲けを夢見る人は、スッカラカンになって、路頭に迷うことも覚悟しなければならない。

豊臣秀吉の朝鮮出兵だって、秀吉亡きあと、撤退を余儀なくされた。そして、その後20年足らずで豊臣家は滅亡してしまう。

ギャンブラーになるか地道にコツコツ生きるか。男女による多少の違いはあっても、多くの人は、その中間あたりで、グズグズ生きているのだと思う。

15 女はなぜダイエットに励むのか？

女は、男と女を意識する

世の中、ダイエット流行りだ。毎年のように、新しいダイエット法がブームになるものね。

昔は太りたくてもなかなか太れなかったけれど、飽食の今は簡単に太れるようになった。特に女性が大好きなケーキやアイスクリームには脂肪と糖がたくさん含まれているから、食べまくっていると、アッという間に肥満体になってしまう。

過度に太ると健康を害するから、ダイエットが必要な人もいる。しかし、女性のダイエット好きは少々行きすぎの感もある。太っているとはとても思えないような人も、せっせとダイエットに励んでいることも多い。

健康目的以外に女性がダイエットする理由は、主に二つ考えられる。

一つは、いい男をゲットしたいから、やせる努力をする。太めで、肉づきのよい女性を好む男性もけっこう多いのにね。

もう一つは、知り合いの女性を意識して、やせたねと言われたい。「○△ちゃんすごくやせたね。うらやましい」。友達からそう言われたい。やせているのはプラスのアイテムなので、プライドが満たされる。ダイエットに励む理由は、実はこちらのほうが大きいと思う。

〝いい男〟の中には、見てくれだけでなく、賢かったり、体力があったり、包容力があったりといった要素もある。となると、生物学的に考えれば、ダイエットをして、いい男と結ばれることで、優秀な子孫を残そうという理由も多少はありそうだ。

ヒトはそもそも太る体質を持っている

そもそも人間の多くは太る体質を持っている。というのは、1万年以上前くらいまでは太っている人のほうが生き残る確率が高かったからだ。

あまり食べない人や食べてもやせている人は脂肪を蓄えられない体質だと考えられる。でも、食べ物が次にいつ手に入れられるかわからない狩猟採集時代にあっては、1週間も2週間も獲物も木の実も取れなかったら、やせている人は死ぬ確率が高まってしまう。脂肪がない分、飢餓に弱いからだ。

反対に、とにかくたくさん食べて、脂肪を蓄えている人は生き残る確率が高くなる。

ということは、太る遺伝的要素を持っているほうが個体として有利になると考えられる。今の僕たちはそういう人たちの子孫なんだ。だから、食べると太るのは当然だ。

昔は太っている人がモテた

今でこそ、やせているほうがモテる傾向が強いけれど、わりに最近まで太っているほうがモテることも多かったと思う。

1980年代に、僕の友人がタイに遊びに行ったとき、すごくモテたと言っていた。その人、すごく太っていて、日本でモテた話なんて聞いたことがなかったし、それほど金持ちでもなかったから、僕も驚いた。ある女の子の家に遊びに行ったら、両親はその子に「あの日本人をなんとかモノにして、結婚しろ」と言ったらしい。結局、結婚しなかったけど太っていることは当時のタイではプラスの要件だったのだ。

少し前までインドや中国などでは、太っていることは金持ちの象徴であった。貧しくて食べ物に事欠くようでは太ることもできないからね。

風向きが大きく変わったのはアメリカの影響が大きい。アメリカでは、近年、肥満の人は自己管理ができていないという烙印を押されるようになった。

あまりに貧しいと、何も買えないけれど、今では、ある程度お金を持っていると、ファーストフードやジャンクフードは買うことができる。それらの食べ物は、脂肪分は多いけれど、栄養バランスに欠け、健康的ではなく、太って、いろいろな病気の原因になりかねない。そういう人は自己管理ができていないという評価をされるようになったわけだ。

西洋人は、太っている人は本当に太っている。男女ともに１００kg以上の人もザラにいる。タレントのマツコ・デラックスさんは145㎏あると言っていたけれど、欧米ではマツコ級の体重の人も珍しくない。西洋人と日本人の体は遺伝的に多少異なっているのかもしれない。

野生動物はメタボにならない

ところで、ほかの動物はどうなのだろう？　太りすぎるなんてことが、あるのだろうか？

結論を言うと、野生の動物はいわゆるメタボにはならない。アザラシなんて、とんでもなく太っているように見えるけれど、それが正常だ。分厚い脂肪があるおかげで寒さを防げるし、氷が浮かぶ海の中も泳ぐことができる。アザラシがダイエットしたら、生きていけない。

肥満体のイヌやネコがときどきいるけど、野生ではない。彼らは人間が太らせたようなもんだからね。

解剖学者の養老孟司さんが飼っているネコはものすごく太っていて、ブタみたいだけれど、野生の動物ではそういうことはありえない。

イヌだって、ネコだって、ヒトだって、太りすぎたら、やせた方がいいけれど、女性はしばしばやせすぎてしまう。

標準体重なのに、「ギャー、太ったァ！」とか「イヤー、二の腕が太くなったァ！」とか言って、ダイエットに邁進《まいしん》する。ダイエットが過ぎて中には拒食症などの摂食障害まで起こしてしまう人もいる。生き物として、これは自殺行為だ。

世界的に見れば、日本の女性は平均的には細い人が多い。不要なダイエットをしている人も多いのかもしれない。全体的に見ると、日本人の女性のダイエットは少しやりすぎだと思う。

やりすぎは危険

やりすぎといえば、昔のヨーロッパのコルセットなども、明らかにやりすぎだ。体の線やウエストを細く見せるためにかつてのヨーロッパの貴婦人たちがはめたコルセットはあまりに窮屈だったために、失神したり、健康を害したりした例がたくさんある。なかには、コルセットに体を合わせるために肋骨《ろっこつ》を折った女性もいたそうだ。なんであれ、やりすぎ、行きすぎは危険だ。

新手のダイエット法が出ては消え、消えては出てを繰り返しているけれど、完璧に成功するダイエット法はないと思う。実際、どれもこれも、一時のブームで終わっている。

最も効果的なダイエット法は「食べすぎずに適度な運動をする」ことだ。バランスよくホドホドに食べて、適度に運動する。それが一番安上がりで、一番簡単にできる方法だ。

16 女はなぜ化粧をするのか？

メスの発情と化粧は関係ある!?

女性は化粧をする人が多い。頬紅をつけたり、口紅を塗ったり、マスカラをつけたりする。男性も化粧をすることはあるけれど、歴史的にも地域的にも、化粧は女性がすることが多い。これはどうしてだろう？

生物学的に考えると、メス（女性）の発情と関係があるんだ。

狩猟採集時代、動物を仕留めて、肉を得るのは主に男性の仕事だった。女性も食べ物を採るけれど、果実や種子や野草などが多かった。

ヒトにとって、タンパク質はとても重要だ。肉にはタンパク質が豊富に含まれている。ヒトの脳が大きくなったのは、肉を食べるようになったからだという有力な学説もあるくらいだ。

肉を食べるようになったから、現生人類が誕生したとする学説もある。今からおよそ200万年前に「ホモ」属が現われる。ホモはラテン語で「ヒト＝人間」の意味。僕たちもホモ属で、ホモ・サピエンスというのが学名だ。「知恵あるヒト」の意味で、現生人類だ。なかには知恵のない人もいるけれど、そういう人ももちろんホモ・サピエンスだ。

人類の系統がチンパンジーと分かれたのは約700万年前と考えられるけれど、そのころの人類はホモではいないし、脳の容量はチンパンジーとそれほど変わらなかった。

最初期のホモは「ホモ・ハビリス」で、このホモ・ハビリスのころから徐々に肉を食べるようになったらしい。それによって、脳の容量がかなり増えたと考えられている。

オスは発情したメスに興味を持つ

男性が獲ってきた肉は、女性だって食べたい。一般的に動物は発情しているメスにしか興味を示さないから、ヒトでも女性が発情しているときしか男性が女性に興味を示さないと、女性は肉にありつけない。男性は獲ってきた肉をサッサと自分たちだけで食べてしまうかもしれない。

第1章で書いたように、動物が交尾をするのは、基本的には自分の子供を残すためだから、多くの動物では、メスが発情したときしか、オスはメスに興味を示さない。チンパンジーもライオンも、発情していないメスにオスは寄っていかない。発情していないメスと交尾しても、自分の子供は残せない。例外はヒトとボノボくらいだ。

さらに、肉食や雑食の野生動物の多くは、メスも自分で肉を獲得することができる。ライオンなんて、狩りをするのはメスだしね。

ところが、ヒトの場合、狩猟は男性が担うことが多かった。これはヒトとほかの動物との大きな違いだ。

肉をもらいたいために……

発情期の女性にしか男性は興味を示さない。となると、発情期を隠せばいいわけだ。たとえば、サルのメスは発情すると、尻が赤くなるけれど、そうした印が出ないようにする。

そうすれば、男性は女性が発情しているかどうかわからないから、いつでも交尾を求めるようになる。交尾をさせてもらうために、男性は女性に肉というプレゼントを贈る。

そのうち、女性は自分がいつ発情しているのか、自分でもわからなくなってきた。

今の女性は、妊娠しやすいかどうかを基礎体温を測って判断することがあるけれど、それは自分で妊娠しやすい時期がわからないからだ。妊娠しやすい時期というのは排卵期で、ほかの動物なら発情期だ。

男性をだますようになって、そのうち自分もだますようになった。あるいは、男性をだますには自分をだますのがいちばん手っ取り早い。化ける意味がある化粧は、その延長と考えることができる。

さらにもう一ついえば、化粧をすると、病気にかかっていても、あるていど隠すことができる。男性は健康な女性と交尾（セックス）して子供を持ちたいから、不健康な女性は避ける。女性は化粧をして、健康であることを装えば、男性が寄ってくるし、プレゼントももらえる。化粧することには、そういう効果もある。

セックスと妊娠に関しては、おかしな言葉も使われている。セックスして妊娠しそうな日を「危険日」、妊娠に至らなそうな日を「安全日」と言う。生物学的にいえば、完全に間違った言葉遣いだ。

むしろ反対で、セックスしても妊娠しない日は安全日じゃなくて、「無駄日」だ。ヒト以外の動物は、妊娠の可能性の低いときには交尾なんかしない。そんな交尾は無駄以外の何ものでもないからね。

動物はオスが美しい

人間では、女性のほうが自分の美醜にこだわる。美しくありたい、きれいでありたいという思いは女性のほうが強い。

でも、ヒト以外の動物では、美しさを求めるのはむしろオスのほうだ。実際、オスのほうがきれいな動物が多い。

どうしてそうなるかというと、メスは選ぶ側で、オスは選ばれる側だからだ。選ぶ側と選ばれる側では、選ぶ側のほうが立場が強い。

「私、この人、嫌い。あっちの人がいい」とか「こんな貧乏な人、イヤ。もっとお金持ちがいい」とか「カッコよくて、仕事ができる人なら、結婚してもいい」とか、女性は勝手なことを言う。

これはヒトの場合だけど、動物でもオスは見栄えをよくして、メスに気に入られなければならない。だから、オスは見た目もどんどん美しくなるように進化していったと考えられる。

一方、選ぶ側のメスはそんな努力を必要としない。何もしなくてもオスが寄ってくるし、そのオスの子供を作るかどうかを決めるのはメスだからね。

たとえば、一般的に川魚のオスは発情すると、すごくきれいになる。なわばりを作って、他のオスを追い払い、それでメスを誘って、メスが卵を産むと、そこに精子を振りかけて、繁殖させるのだ。

弱いオスはメスを獲得できないから、メスのフリをすることもある。メスのフリをすればなわばりにいるオスに追い払われない。メスが卵を産んだとたん、シャーッと精子をかけて、ピューッと逃げていったりする。なかなかの頭脳派だ。

クジャクのオスもメスよりずっと美しい。これもメスが美しいオスを好むからだろう、と言いたいところだけど、これに関しては、少し前に東京大学大学院の学生が否定的な見解を発表している。実はクジャクのメスは、美しい羽には関心を持たず、鳴き声が大きく、連続してよく鳴くオスを選んでいるということだ。

そういうこともあるけれど、基本的にはメスに選ばれようとしてオスは美しくなっていったと考えられている。

タマシギはメスが美しいわけ

オスのほうがきれいな動物が多い中、例外もある。代表的なのはタマシギという鳥だ。

タマシギはメスのほうがずっときれいで、オスはかなり地味だ。タマシギはオスがメスを選んで、メスは選ばれる立場なのだ。

タマシギは一妻多夫で、メスはあちこちのオスと交尾をして、その場に卵を産み落とす。それらの卵は全部オスが面倒を見る。

自分では子育てしないで、オスに育ててもらうんだから、立場が弱い。オスのほうには、次々にメスが来る。でも、交尾をして卵が生まれたら、その卵や孵化した子供の面倒を見ないといけない。すると、どのメスでもいいというわけにもいかない。なるべくステキなメスをオスは選ぶことになるわけだ。

選ばれる立場のタマシギのメスは、オスに選んでもらうためにきれいになっていった。納得できそうな説明だ。

さて、ヒトでは化粧をするのは主に女性だ。化粧をすると、確かに女性はきれいになる。女性は選ぶ性なのできれいになる必要はないと思われるが、ヒトは前に説明したように野生動物とは異なる特殊な事情があるのだ。

17 女はなぜ若く見られたいと思うのか？

僕は40代で少女と結婚した？

僕は１９９３～94年にかけて、仕事でオーストラリアのシドニーに住んでいたことがある。

僕一人が最初に行って、賃貸物件を探すことにした。住む家を決めてから、女房と子供たちを呼ぼうと思ってね。

借りる家も決まって、女房と子供たちを日本から呼び寄せて、大家に紹介したんだ。そうしたら、その大家、目をパチクリさせて驚いたね。「おまえは少女と結婚したのか⁉」って。

それを聞いた女房はちょっとうれしかったみたいだ。当時、僕は40代半ばで、女房も40歳を過ぎていた。「少女」ということは、少なくとも10代に見えたんだろうな。

「じゃあ、俺はどう？　25歳くらいに見える？」

そう聞いてみたら、「おまえは年相応に見える」。

女性にとっては、ある年齢以上になると、加齢はマイナスの属性になる傾向が強い。年を取ることが評価されることは、現在でも女性の場合、あまりないようだ。

実際、若く見られると喜ぶ女性は多い。女子大生でも「高校生？」なんて聞かれると、うれしいみたいだ。

男は若く見られると損をすることも

男性は年若に見られるのを喜ぶとは限らない。

僕がよく知っている男性は20代後半のころ、居酒屋で酒を飲んでいると、「高校生が酒を飲んだらダメだよ」とか「年齢を証明するものを見せてください」などとよく言われたようで、そのたびに怒っていた。

30代前半の今は、さすがに高校生には間違えられなくなったようだけど、それでも大学生くらいに見られると、ときどきこぼしている。仕事柄、若く見られてもいいことはないのだろうから、不機嫌になったり憤慨《ふんがい》したりするのもわかる。

だいたい男性は、大人になると、ある程度、貫禄を備えているほうが信頼されやすい。30歳や40歳を過ぎているのに、20歳そこそこに見られるようでは、プラスよりマイナスに作用することの方が多いと思う。もっとも、50代の人が、70歳に見られるのはプラスとは言えないな。

日本人は若い

欧米人に比べ、日本人はだいたい若く見られる。

アメリカでは、若すぎると見られて、成人の日本人に酒を売ってくれないこともけっこうあるみたいだ。「子供に酒は売れないよ」と、30歳近い人でも、言われることがあるようだ。

僕のかつてのゼミの学生で、アメリカに行ったとき「小学生に見られた」と言っていた女性がいた。彼女は当時22歳だったんだけどね。

日本人に限らず、アジア人は西洋人より若く見られる。ベトナム戦争でアメリカ軍がベトナム兵を捕虜にしたとき、少年兵が大勢いるといって、アメリカがベトナムを批判したことがあった。でも実際には、ほとんど20代~30代の兵士だったんだ。アメリカ人からすると、ベトナム人は幼く見えるのだろう。

反対に西洋人は、日本人からすると、早く年を取るように見える。オーストラリアに住んでいたとき思ったけれど、向こうの女性は20歳くらいで、もうすでにすごく色っぽい。それが30歳くらいになると、こう言ったらなんだけど、いきなりおばさんになる。当時40代半ばの僕から見ても、30歳ともなると、あまり若くは見えなかった。

昔はよく日本の学者がドイツなどに留学して、現地の若い女性と結婚することがあった。相手の女性は当初、とてもきれいなんだけど、10年もすると、すっかり別人のようになったりする。「こんなはずじゃなかった」なんて、嘆いている人もけっこういたみたいだ。

若さと寿命とネオテニー

アジア人が若く見えるのは「ネオテニー」が関係していると言われている。幼児の性質を持ったまま大人になって、繁殖できる状態になることで、「幼形成熟」と訳される。オタマジャクシがカエルにならずに、そのままの姿で大人になるようなものだ。

ヒトはネオテニーによって進化したともいわれる。ヒトはチンパンジーやゴリラ、オランウータンなど、ほかの類人猿に比べて、大人になっても子供の形質をたくさん持っている。ヒトの大人はチンパンジーなどより、毛がなく、頭が大きく、顔は平坦で、歯は小さい。これらは幼児の特徴だ。

ネオテニーによってヒトの寿命が延びたという学説もある。子供の特徴を持ったまま年を取るので、老いにくいという考えだ。

ネオテニーは日本人を含めたアジア人が最も進んでいるようだ。アジア人は白人や黒人に比べると、大人になっても毛深くないし、子供っぽく見える。

子供のまま、あるいは若いまま成熟しているから、日本人は寿命が長いとも考えられる。ヨーロッパの国々の平均寿命も長めだけど、それを言うなら香港の平均寿命も長い。日本人や香港人の寿命が長いのはネオテニー=幼形成熟の度合いが強いことと関係していそうだ。もちろん、食事や運動なども寿命に影響を与えるのは言うまでもない。

誕生日は祝ってほしい女心

ヒトの女性は若く見られると喜ぶし、男性も若い女性を好む傾向があるけれど、第1章で見たように、チンパンジーやゴリラの社会では、若いメスはあまりモテない。あまりに若いと、子育てが下手《へた》そうだと、オスに思われるからだ。子育ての経験豊富なメスのほうがモテるのだ。

ところで女性は若く見られたいのに、誕生日は祝ってもらいたがる。どうしてだろう?

これは「承認願望」のためだ。誰しも日々の暮らしで自分が主役になる機会はそう多くはない。特に専業主婦などではその傾向が強い。そうすると、せめて誕生日だけは主役になって、祝ってもらいたいという気持ちが強くなるのだと思う。

結婚式も同様だ。最近は結婚式を挙げたがらない女性も増えたようだけど、それでも男性に比べると結婚式を望む女性は多い。晴れの舞台で主役になって、大勢の人に祝福してもらう。これも承認願望だ。

誕生日は祝ってもらいたい一方、何歳になったかをしつこく話題にされるのは嫌だ。女心《おんなごころ》からすると、「それとこれとは別の話」ということなんだろう。

18 女はなぜハイヒールを履くのか？

足と外性器は近いところにある？

女性はどうしてハイヒールを履くの？　なんて聞かれても、「私は履かないわよ」という人もいるし、「足が痛くなるから絶対履かない」なんていう人もいる。

まぁ、そういう人がいることはわかるけれど、ハイヒールを履く女性が多いことは確かだ。ハイヒールを履く男性はまずいない。

ちょっとエロティックで、不思議な話から始めよう。ラマチャンドランという神経科学者が書いた『脳のなかの幽霊』に出てくる話だけど、エンジニアの男性が片方の足を膝下から切断することになってしまった。

その後、彼女と性行為に及ぶことになるんだけど、なぜだかないはずの幻肢が気持ちよくなる。本人も不思議に思う。実はこれ、脳の仕組みと関係している。

脳の表面に体表面から来た感覚を司どっている位置を示す地図を１２９ページに載せた。これは実際の人間の脳から集めた情報をもとにして描かれた地図だ。

この「脳の地図」を見ると、足と性器は非常に近いところにあるのがわかる。

たとえば、足を切断すると、当然、足からは脳に刺激が来なくなる。刺激が来ないと、脳のその部分が〝ヒマ〟になってしまう。すると、どうなると思う？　外性器の脳に届いた刺激がすぐ近くにある幻肢の脳にも入っていくんだ。つまり刺激を分け合う形になる。

では、性的な刺激が幻肢の脳に届くとどうなるか？　幻肢が性的に気持ちよくなるんだ。一見、不思議な現象だけど、脳の仕組みを考えると、エンジニアの男性が性行為の際に幻肢が気持ちよくなった理由がわかる。

足を切断しなくても、性行為で足が気持ちよくなることもある。こんなことを書くとナンだけど、実は僕自身も経験がある。コトの最中に膝が気持ちよくなることがよくあった。今はもう遠い昔の話になっちゃったけどね。

世の中には「足フェチ」の人がいる。足に性的な喜びを見いだす人だ。足フェチも、足と外性器の脳がごく近くにあるという脳の仕組みが関係しているに違いない。

男は女の足を見る

女性には靴が好きな人が多い気がする。どうしてだろう？　多分、多くの男性が女性の足（脚）を好むことと関係していると思う。男性は女性の顔にも興味があるけれど、足にも大いに関心を示すことが多い。

スカートを好んではく女性も多くいる。スカートをはくと、足が出る。その足を男性が見る。すると、女性はますます足が気になる。その先にあるのは靴だ。男性はきっと靴もしっかり見ているに違いない。だったら、靴にも気を遣おうとなる。つまり、男性の気を引こうという意識が靴への興味をかき立てて

体性感覚野

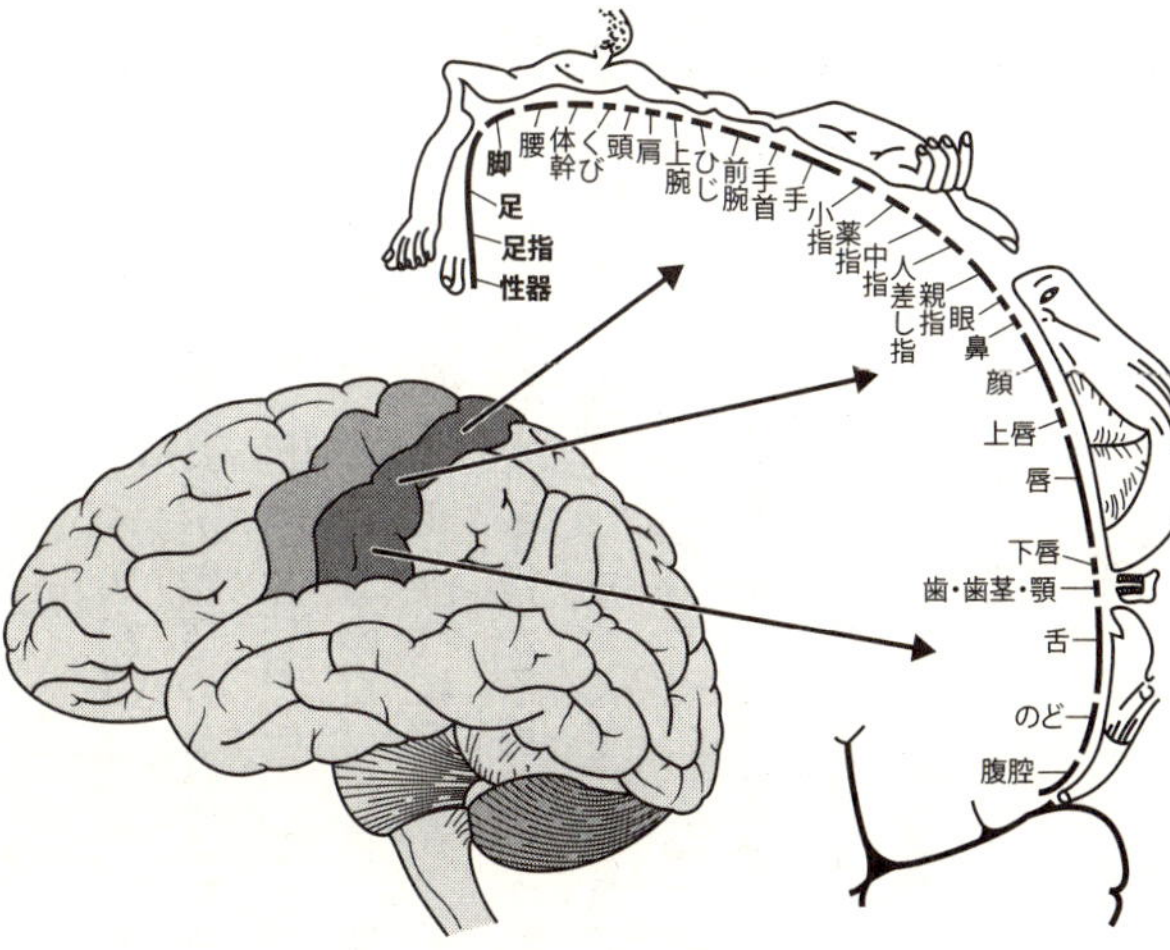

頭頂葉（一次体性感覚野）の断面を並べたもの

いる側面もあるという理屈だ。

一時期、若い女性の間でルーズソックスが流行った。あのルーズソックスも足に注目してもらいたいという無意識の願望のなせるわざだと思う。

男性は女性の足の中でも、特に足首に注目しているみたいだ。足首を見れば、その女性が健康かどうかを判断できるのだ。足首と腰がくびれていて、お尻が大きい女性は、一般的には健康だと言われている。

健康な人と結婚すると、元気な子供を授かる可能性が高まる。丈夫な子供をたくさん産んでもらえば、自分の遺伝子をたくさん残すことができる。男性のそうした潜在願望が女性の足首に目を向かわせていると考えられる。

ルーズソックスが流行ったのは、もしかしたら日本人の横並び意識のためかもしれない。ルーズソックスをはくと、足首が細いか太いか、わからなくなる。「赤信号、みんなで渡れば怖くない」じゃないけれど、「ルーズソックス、みんなではけばわからない」というわけだ。

古来、人は足に注目していた

足は昔から注目されていた。たとえば、江戸時代の吉原の高級遊女・花魁《おいらん》は高下駄を履いて町を練り歩いた。

普通の歩き方ではなく、パフォーマンスたっぷりの歩き方だ。それで、みんなが足に注目することになる。高下駄が足の存在をきわだたせていたんだ。

人間以外でも、足は注目されていた。たとえばユダヤ教では、食べてよいものといけないものが足によっても規定されている。ラクダ、イノシシ、野ウサギ、ブタ、ウマ、ロバなどの反芻《はんすう》しない、もしくはひづめが完全に分かれていない動物は食べることを禁じられている。

人間は自分たちの足を気にするように、動物たちの足にも注目していたんだろう。そうでなければ、ひづめが分かれているかどうかなんて気にしないと思う。

足を折ったら、生きていけない

足に特徴のある動物にカンジキウサギがいる。北アメリカにいるウサギで、毛に覆われた長い足が靴を履いているように見えるのが名前の由来だ。

「カンジキ」は雪の上を歩くときに足が雪の中に沈まないように履き物の下に付けるものだ。都会ではほとんど見ないけどね。カンジキウサギは雪靴《ゆきぐつ》ウサギとも言う、英語だとスノーシューヘア（snow-shoe hare）と言う。

毛に覆われた足は雪の上を歩くという実用的な価値以外にももしかしたら、仲間同士の目印としても役に立っているのかもしれない。

足は動物にとっても極めて重要だ。多くの野生動物は足が折れたら、死んでしまう。特に草食動物は足を折ってしまったら、致命的だ。肉食動物の餌食になってしまう。

競走馬は足が細いから、足が折れやすい。それで、足を折ってしまったウマは殺処分にされることが多い。かわいそうだね。僕も一度、足を折ったことがあるけれど、ウマだったら、生きていけない。こういうときは、ヒトでよかったと、つくづく思うね。

ハイヒールを履く意味は？

話をハイヒールに戻すと、ハイヒールなんて履くと、足が思いきり疲れるだろうね。履いたことがないから、想像でしかいえないけれど、間違いなく疲れるだろうし、足が痛くなる。それなのに、女性はどうしてハイヒールを履くのだろう?

ハイヒールはもともと、フランスの貴婦人たちが町に溢れる糞尿を踏んでも長いスカートが汚れないように考案されたという説がある。糞尿を踏んでも、靴のかかとが高いと、スカートにウンコがつかないからね。

しかし、少なくとも日本人には馴染みがなかったし、動きやすいとはいえない履き物だった。日本の女性が履いても、足によいことは何もない。

おぼつかない足取りで歩いていたら、イケメン男子が「大丈夫ですか」って、声をかけてくれる可能性はあるかもしれないけれど、そんな妄想を抱いてハイヒールで町に出かける女性はまずいない。

確かにハイヒールを履いていると、男性の目はその女性の足もとに向きがちだ。その意味では花魁の高下駄に似ているかもしれない。でも、ハイヒールも高下駄も実用的ではない。少なくとも通勤にハイヒールを履く必要性はないと思う。

19

女はなぜ手土産にこだわるのか？

女の〃お土産文化〃の背景にあるもの

女の人って、お土産を買うのが好きだ。土日に旅行に出かければ、ご近所に配ったり、有給休暇を取って遠出《とおで》すれば、職場の同僚全員に配ったりする。

僕の女房もご多分に漏れず、旅行に行くたびに、所属しているサークルの仲間にお土産を買っていく。これに似たのは前に買ったとか、これは珍しいとか言いながら、かなり真剣に物色している。男の僕からすると、土産なんて面倒なものを買わなけりゃいいのに、と思うんだけどね。

でも女性にはこういう人が案外多い。

女の人は同性の仲間内での立場を重要視する傾向があるのだろう。仲間内で誰かがお土産を買ってくると、その人の仲間内での人気が少し上がる。

次に別の誰かが旅行に出かけたときは、その人もお土産を買わないわけにはいかなくなる。こうして〝お土産文化〟がその輪の中で広がっていくんだろうと思う。

女性は前に買ったお土産やもらったお土産を事細かくよく覚えていることが多い。

買うときは「前と同じものだと芸がないから、今度はこれにしよう」とか考えるのだろう。

もらったときは「わぁ、これ、食べたかったの。ありがとう、うれしいな」とか、お世辞（!?）を言う。前と同じものだったときには「これ、前と同じじゃん」と内心では思っても「大好物なの」とか言ったりする。

僕なんか、誰に何をもらったかほとんど覚えていないから、女性からしたら、お土産の渡しがいがないだろうと思う。ただ、飲んべえだから、おいしい日本酒やワインをくれた人だけは覚えている。

周りから認めてもらうために

女の人は同性の目を気にして、同性に認めてもらいたいという気持ちが強いのだろう。女性が集まるグループ内での自分の位置をすごく気にする。グループが3人、4人、5人……と増えてくると、ボス的な人も出てくる。さらに、8人、9人、10人……と増えると、グループが二つに分かれて、対立したりする。こういうことは小学生くらいから始まって、会社、ママ友の集まり、さらには政党にまで及ぶ。

お土産を贈り合う文化は、歴史的に考えると、狩猟採集時代の名残とも考えられる。男性は狩猟がうまいと一目置《いちもく》かれるけれど、女性は狩猟は得意じゃない。採集をするにしても、狩猟ほど他の人との差はつかない。

そこで、認めてもらうには周りといかに上手にコミュニケーションを取るかが重要になる。贈り物はそのための手段としてとても効果的だ。

コミュニケーションはサルの世界でも重要

コミュニケーションが大事なのはヒトだけじゃない。たとえば、ニホンザルもコミュニケーションをとても大事にしている。

ニホンザルのトップのメスは、末っ子のメスにトップの座を譲っていく。どうして末っ子のメスがトップになるの、と疑問に思う人もいるかもしれない。

リーダーのオスは多くのメスと仲良くしているけれど、その中でいちばん目をかけられているメスが、メスの中で最も大きな力を持つことになる。これがいわばナンバーワンのメスだ。

そのナンバーワンのメスが子供を何頭か産む。二番目の子供が生まれると、メスはその子の面倒を見るようになって、最初の子は母親のもとを少し離れる。三番目の子が生まれると、母親はその子の面倒を見るようになって、二番目の子も母親のもとを少し離れる。これは人間の場合にも見られる現象だ。

オスは大人になると母親から離れていくので最後に生まれたメス、つまり末っ子のメスがいちばん長くナンバーワンのメスと一緒にいることになる。長く権力の中枢にいることになって、メスの権力はこの末っ子のメスに移るのだ。

ニホンザルの社会でおもしろいのは、力だけではリーダーになれないことだ。より重要なのは、メスたちにリスペクトされることだ。優しくて面倒見のよいオスは尊敬される。強いだけじゃダメなのだ。第1章で書いた高崎山自然動物園のニホンザルのボス「ジュピター」はその典型だ。

ライオンの群れはメスが支配している⁉

ライオンのグループ（群れ）も、実はメスが牛耳っているようだ。

ライオンの群れは「プライド」と呼ばれて、1～3頭ほどのオス、5～10頭ほどのメス、そして子供たちからなっている。

狩りをするのはもっぱらメスだ。数頭が役割分担をして、連携して獲物を捕らえる。とはいえ、成功率はそれほど高くなく、2割ほどだといわれる。

一方、オスはプライドに近づいてきたハイエナを追い払ったり、プライドを乗っ取ろうとする若いライオンと戦ったりする。それ以外の時はその辺でゴロゴロしていることも多い。

それでいて、オスはメスが苦労して獲った獲物を最初に食べる。なかなかいい身分かもしれない。

ライオンのオスのいちばんの大仕事といえば、交尾をすることだ。オスは発情したメスを見つけると、ほとんど食べることなく、ひたすら交尾に励む。

交尾の時間は約20秒と短いけれど、交尾を終えたメスは仰向けにひっくり返って、すぐ次の交尾をせがむ。こうやって、1日に多い時では50回ほどの交尾をする。

ライオンのオスは哺乳類きっての絶倫なのだ。プライドにはオスよりメスのほうが多くいることを考えると、大変なことだと、同情を禁じ得ない。

それはさておき、ライオンのプライドはメスが牛耳っていると書いたが、それはどういうことかと言えば、メスは生涯プライドにとどまって、狩りの方法を学んで、次世代のメスにそれを継承していくからだ。一方、オスは成獣になると、プライドから追放されてしまう。このあたりのことは第3章で詳しく書くつもりだ。

ライオンのメスは狩りをするにあたって、連携をうまく取らないといけない。ということは、コミュニケーションも上手に取っているのだろう。リーダー的なメスもいるに違いない。

20 女はなぜおしゃべりなのか？

女はダラダラしゃべる？

女の話は長い。で、結局何を言いたいのか、よくわからない。結論を先に言えって思う。

まあ、そうでない人もいるけれど、全体的には女性のほうがおしゃべりだ。要領を得ないで、無闇にダラダラ話す女性も多い。

思うに、女の人は話す内容以上に、話していること自体が大事なんだろう。「へー、そうなんだ。スゴーイ」とか「ほんと、かわいいね」とか「それは、絶対、あの子のほうが悪いよ」とか、相槌を打って、共感し合う。そのやりとり自体が大切で、それによって互いの親密度を深めているのだろう。

だから、女の人は人の話をあまり遮らない。「それで、○△ちゃん、何を言いたいの？」なんて言わない。誰かがダラダラ、ダラダラしゃべっていても、ジッと聞きながら、「へー、そうなんだ」なんて言っているけれど、興味のないことはスルーしていることも多い。

でも、男性はそうしたダラダラ話につき合いきれないと思う人の方が多い。特に会社の会議などで、要領を得ない話をダラダラされると、有能な男性はたいてい「早く結論を言え」と思うだろう。

話すことでコミュニケーションを取る女性は、よりおしゃべりな人がグループの中で中心的な立場になることが多い。でも男性は、おしゃべりなだけでは、中心的な地位を占めることはできない。

女の話は「戻ってこない」

女性はどうしてこのような話し方をするのだろうか？　これには脳梁の大きさが関係している。

男性より女性のほうが脳梁が大きくて密だということはすでに述べた。脳梁は左脳と右脳をつなげている神経の束《たば》みたいなもので、脳梁が大きくて密な女性は思考を拡散させることが得意だ。

女性は左脳で考えたことも、次の瞬間には右脳に行く。それがまた、すかさず左脳に戻ってくる。そしてまた、右脳に移行する。そうしたことを繰り返しているから、話がどんどん拡散して、長くなっていくのだろう。

だから、女の人の話って、戻ってこない。話の内容がよくわからないうちに変わって、そのまま行ったきりなることも多い。男からすると、「あれ？　さっきの話はどうなったの？」という感じがする。

それに、女の人の話は、テーマがない。「○△について話そう」という感覚が男性より希薄なのだろう。話す内容よりも話していること自体が重要なのだと思う。

二つの言語野

言葉を話したり理解したりする機能は、脳の大脳皮質にある言語野《げんごや》が担っている。

言語野は二つあって、一つは前頭葉の後ろのほうにあるブローカ領野《りょうや》で、もう一つは側頭葉にあるウェルニッケ領野だ。「ブローカ」と「ウェルニッケ」はそれぞれの言語野を発見した人の名前だ。

ブローカ領野は運動性言語中枢とも呼ばれて、言語の中では、喉《のど》や唇、舌などを動かして言語を発する役目を担っている。一方のウェルニッケ領野は知覚性言語中枢とも呼ばれて、耳や目から入った言語を理解する働きをしている。単にしゃべる行為はブローカ領野の機能だ。その中身の論理、筋道、文法などはウェルニッケ領野が担っている。

女性は男性よりブローカ領野が発達しているのかもしれない。そのことが女の人のおしゃべり好きに影響しているという可能性もなくはない。

話すのは得意だけど、文章を書くのは苦手な人も多い。そういう人はブローカ領野は発達しているけれど、ウェルニッケ領野はそれほど発達していないのかもしれない。

会話というのは、けっこういい加減でも、それなりに通じる。話している様子や顔の表情などの情報も加味されるから、それらを含めて相手は会話情報を受け取ってくれる。会話の場合は、話そのものだけでなく、表情や身振り手振りなども重要な要素となる。

でも文章は、そうしたプラスアルファの情報を加えることができない。純粋に文章だけで相手に伝えなくてはいけない。そういう意味では、文章を書くのは話すこととは別の難しさがある。

セミのオスはおしゃべり？

あいつらはおしゃべりだな、と思う動物は何だろう？　スズメを思い浮かべる人は多いだろう。大群でピーチクパーチク賑やかに騒ぐものね。

僕が思い浮かべるのはセミだ。夕刻、ヒグラシが遠くのほうでカナカナカナと鳴くのは風情があっていいものだけど、明け方に近くで鳴かれると、キンキンキンと聞こえて、うるさいことこの上ない。

僕は茨城県の取手市から高尾（東京都八王子市）に引っ越してきた当初、ヒグラシの大合唱に早朝起こされて、ビックリしたことがある。取手にヒグラシはほとんどいない。

今の時代やっぱ会社にずっといちゃダメ
じゃん? それで今度大学の時の友人と
新しい会社立ちあげようと
聞いたことあるだろう
ーショー? あれやろうと
男なのに
よくしゃべる
ナ〜〜

セミで鳴くのはオスだけで、メスは鳴かない。ヒトと違って（?）、うるさいのはオスだけだ。

ツクツクボウシは、オスが鳴いていると、そのすぐ近くで別のオスが妨害音を出す。

「オーシンツクツク、オーシンツクツク」

「ジージー」

ジージーは妨害音のほうだ。聞いたこと、あるかしら。

「オーシンツクツク」の鳴き声はメスを呼ぶためだといわれている。でも、それだったら、あんなうるさい音を出さなくても、メスにだけわかるような信号でも出せばいいのに。「ジージー」と他のオスの邪魔をしている奴に至っては、自分が頑張ればいいのにと思う。

「人の恋路《こいじ》を邪魔する奴は馬に蹴られて死んじまえ」という戯《ざ》れ歌があるけれど、セミの恋にもいろいろとやっかいな事情があるのかもしれないけれどね。

第3章　ヒトはだいぶ変わった動物

21 ヒトはなぜ異性を好きになるのか?

分界条床核と前視床下部間質核のなせるわざ

性的な相手として男性は女性を選ぶことが多く、女性は男性を選ぶことが多い。

「僕は男だけど、心は女の子。ガッシリした男の人が好き」

「私はかわいい女の子が好き。女の子同士のほうが話が合うから、一緒にいて楽しい。将来、結婚したいコもいるの」

確かにそういう人もいるだろうけれど、異性を好きになる人の方が多い。とはいえ、同性を好きになる人もいることは事実だ。

人の性的な好みを決めるのは脳の分界条床核《ぶんかいじょうしょうかく》と前視床下部間質核《ぜんししょうかぶかんしつかく》の機能

だと考えられている。

典型的な男性は分界条床核も前視床下部間質核も大きくて、脳梁は小さい（脳梁については、すでに説明した）。こういう男性は女性を好きになる。

それで、典型的な女性は分界条床核も前視床下部間質核も小さくて、脳梁は大きい。こういう女性は男性を好きになる。

だから、あなたが女性だとして、あなたが今の夫や恋人を好きになったのは、あなたの分界条床核と前視床下部間質核が小さいからに違いない。

エッ、そんな話は知らないって。それはそうだろうね。普通の人はこんなややこしい話は知らない。ただ、分界条床核や前視床下部間質核がもっと大きかったら、違った展開になっていたのは確かだ。

ジェンダーを決めているのは何？

分界条床核と前視床下部間質核について、もう少し説明してみよう。

分界条床核はジェンダー・アイデンティティーを決めているところだ。ジェンダー・アイデンティティーは自分自身が自覚している性別のことで、生物学的な性別とは異なる場合もある。

分界条床核の大きい人は体の性別がどうであれ（身体的に男性であれ、女性であれ）、自分のことを男性だと思う。

反対に、分界条床核の小さい人は、自分のことを女性だと思う。

そして、前視床下部間質核の大きな人は女性を好きになり、小さい人は男性を好きになる傾向が強い。

典型的な男性は分界条床核が大きいので自分を男性だと思うし、前視床下部間質核が大きいから女性を好きになることが多い。

ただ、これらは平均的な話で、個人差はある。男性でも分界条床核や前視床下部間質核が小さめな人がいるし、女性でも分界条床核や前視床下部間質核が大きめな人もいる。

第1章で書いたように、脳梁の大きさも個人差がある。典型的な男性は分界条床核も前視床下部間質核も大きくて、脳梁は小さいけれど、中間的な人もいて、白黒がはっきり分かれるわけではない。

ゲイやレズの脳の特徴

最近、LGBTが話題になることが多い。LGBTのLはレズビアン（女性の同性愛者）、Gはゲイ（男性の同性愛者）、Bはバイセクシュアル（両性愛者）、Tはトランスジェンダー（体と心の性が一致しない人）のこと。

LGBTの人たちの分界条床核や前視床下部間質核はどうなっているのだろう。

たとえば、ゲイは分界条床核が大きくて、前視床下部間質核は小さい場合が多い。ゲイは自分は男性だと思っている。ということは、分界条床核は大きいということだ。それで、女性より男性を好きになる。ということは、前視床下部間質核はどちらかというと小さいと考えられる。

反対に、レズは分界条床核は小さいに違いない。自分は女性だと思っているから。一方、前視床下部間質核は大きいと思う。女性が好きになるわけだから。

では、バイセクシュアルはどうだろう？　彼らは男性も女性も好きになるわけだから、前視床下部間質核はおそらく大きくもなく、小さくもなく、中くらいの大きさだと考えられる。

未来は男女の区別がなくなる⁉

今でこそ、世界的にＬＧＢＴに対する理解は進みつつあるけれど、中世のヨーロッパなどでは、同性愛者は厳しく罰せられることも多かった。背景には、キリスト教など宗教的な影響があったのだろう。

しかし、ヒトの脳なんて、千年くらいで簡単に変わるものではないから、昔だって、たとえば分界条床核が大きくて、前視床下部間質核は小さい男性もいたはずだ。ただ、そういう人は本性を隠して生きていたのだろう。公にしても、デメリットはあっても、メリットは何もなかっただろうから。

昔は、いわば倫理が社会制度を規定したり、縛ったりしていたわけだ。しかし現代は、倫理はテクノロジーによって変わる。

たとえば一昔前までは、人工受精は倫理に反するという意見をもつ人が多かったが、技術の進歩により、そういう意見は消えてしまった。

子供はしばらくは女性が産むんだろうけど、バイオテクノロジーがいっそう発達すれば、おなかを痛めなくてすむようになるかもしれない。やがてはレズ同士でも子供を作れるようになるだろう。

そうすると、社会はどんどん変わっていく。そのうち、男女二分法の共同体は崩れるかもしれない。そうなると、男女別のトイレや風呂もなくなる。トイレはすべて個室になったり、風呂は男女とも特殊な水着で入って、個室で体を洗うようになったりして、男女で分けるという文化が廃れるかもしれない。

あと百年もすると、出生届などいろいろな提出書類に性別を記入する欄はなくなるかもね。

分界条床核や前視床下部間質核といった性差に関わる脳の部位は、個人によって様々なバリエーションがある。だからこそ、ＬＧＢＴの人たちも存在する。未来は男女による差が今よりずっと希薄になる予感がする。

ヒトの四十八手、カミキリムシのネッキング

ヒト以外の動物にも、恋愛感情はあるのかしら。僕は高等な霊長類にはあると思うけれど、下等動物は恋愛感情をもたないと思う。彼らに聞いてみたわけ

じゃないから、本当のことはわからないけれど。

どんな気持ちで交尾をしているのかも、よくわからない。ただ、多くの動物は、発情期と繁殖期が決まっている。エサがいちばん取れるときに繁殖すると、子供の生存率は高まる。もしかすると、そういうことも見据えて、発情するのかもしれない。その点、年がら年中発情して、年がら年中子供を産んでいるのは、ヒトと家畜くらいだね。

昆虫の場合は、性行動も基本的には刺激と反応で決まる。メスから放出されたフェロモンに対して、オスが機械的に反応しているのだろう。

これは、いわば脚気《かっけ》の検査に似ている。脚気かどうか調べるときに、膝の下のくぼみを叩いて、足が跳ね上がるかどうか見るでしょ。これは反射といって、意思によって止めることができない反応だ。昆虫の交尾は、そうした反応の一種だと思う。

昔、アカネトラというカミキリムシの交尾行動を調べたことがある。日本人の性行為のパターンは江戸時代以来の四十八手なんていうのがあるけれど、カミキリムシにそんな複雑な技は無理だ。カミキリムシは遺伝的に交尾のパターンが決まっている。まぁこれは、どんな昆虫でも同じだ。

アカネトラカミキリのメスはオスから逃げるんだけど、ネッキングといって、オスに首を噛まれると、あきらめて、交尾されてしまう。オスは本能的に首を噛めばいいことを知っているのだ。

脳の仕組みによって異性や同性を好きになって、バリエーションに富む性行為を楽しむヒトと、好きという感情とは無縁で、刺激と反応で交尾する昆虫は、どちらが合理的かは難しい問題だ。ヒトの方が面倒くさいことは確かだ。

22 ヒトにはなぜ個性があるのか？

個性があるから、多様性や進歩がある

「人間にはそれぞれ個性がある」なんて改めて言うと、何を当たり前のことを言っているのだと、思うかもしれないけれど、ヒトに個性があるのは、行動パターンを司る脳神経系の反応パターンが個体ごとに違うからだ。脳が発達したからこそ生じた現象だ。

脳が発達した動物は基本的には仲間に同調して生きるけれど、同時に個性も持っているから、仲間と違う行動を取ることもある。個性があるから、多様性や進歩が生まれるわけだ。

ヒトの性格や個性の形成には、もちろん先天的・遺伝的要因が大きいけれ

ど、後天的な環境も大きく影響する。後天的な環境で一番重要なのは胎児の時と赤ちゃんの時の環境だ。

一卵性双生児の個性

双生児、いわゆる双子の個性の相違も興味深い。

双生児には、一卵性双生児と二卵性双生児がある。まあ、これは常識だ。一卵性双生児は受精卵《じゅせいらん》が発生の初期の胚《はい》のときに二つに分かれて、のちに双子になる。一つの受精卵から双子が生まれるわけだ。一つの受精卵が結果的に二つに分かれるわけだから、DNAは全く同じで、性別、血液型なども同じになる。従って、一卵性双生児の姿形が似る度合いはかなり高い。

一方の二卵性双生児は排卵された二つの卵が別々の精子によって受精するところから生ずる。つまり受精卵が二つで、その二つの卵から双子が生まれる。ということは、きょうだい二人が同時に生まれてくるようなものだ。DNAもそれぞれ独自だから普通の兄弟姉妹と同じように、性別や血液型が違うこともあるし、顔や体型も兄弟姉妹の相違と同じだ。

一卵性双生児は性格もかなり似るんだけど、おもしろいことに、別々のところで育ったほうが行動や性格は似てくる。同じ家で育つと、物理的環境は同じでも、一卵性双生児にとって最も大きな環境はもう一方の存在なので互いに意識して、対抗意識から、趣味が違ったり、違うことをしたくなったりする。だから、同じ家で育った一卵性双生児は別の道に進むことが多い。知能指数はほとんど同じだから、学力も近い。それで、同じ大学に進むこともあるけれど、学部や学科は違ったりする。

僕の失敗

僕が前に勤めていた大学の生物学科にある女子学生がいたんだ。よく知っている学生だったから、大学の近くですれ違ったあるとき、「おー、元気か」という感じで声をかけた。そうしたら、すごくイヤな顔をされてね。「なに、あのおじさん」という目を向けられた。

後日、生物学科のその学生に聞いてみたら、「それはお姉ちゃんですよ」と言われた。顔はうり二つだし、二人が一卵性双生児だなんて知らなかったたから、僕はまったく気づかなかった。

姉のほうも同じ大学の学生だったんだけど、お姉さんの方は国文学か何かを専攻していたと思う。とにかく違う学科の学生だった。学力は同程度でも、違う進路を選んだわけだ。

個性はヒトだけが持つと考えられていた

個性は人間特有のものだと思っている人も多いと思うが、ヒト以外の動物にも個性はある。

かつて欧米の動物学者たちは、サルでもゴリラでも、個体差を無視して生態や行動の研究をしていた。同じ集団に属する個体であれば、オスとメスの違いはあっても、基本的には全部同じ性質を持っていると考えていたんだ。この考えの背景には「人間だけは特別な存在だ」という西洋思想があったのだろう。

日本の霊長類学の祖である今西錦司《いまにしきんじ》は、欧米のそうした研究方法とは違ったやり方をした。それぞれのサルに名前をつけて、個体ごとに研究していったのだ。それで、サルにも個性があることがわかった。

魚にも個性がある

では、魚にも個性はあるのだろうか。勇敢だとか、臆病だとか、優しいとか、見栄っ張りとか……。実は魚にも、個性はあるのだ。まぁ、見栄っ張りの魚はさすがにいないだろうけれど。

片野《かたの》修《おさむ》という動物生態学者によると、オイカワやアブラハヤ、カワムツといった川魚には個性があるということだ。

片野さんは魚の個体に名前をつけて、行動を観察した。すると、いつも岩の間に隠れているヤツもいれば、一日中、活発に動き回っているヤツもいる。勇敢な魚も臆病な魚もいるようだ。

同じ川魚のオスでも、メスにアタックするのがうまいのも下手なのもいるみたいだ。

「○×、おまえはバカだなァ。今、出てくれば、メスをゲットできるのに。まったくモタモタしてるんだから」なんて、片野さんはドジな魚に感情移入して観察していたことがあると言う。

カメなどの爬《は》虫《ちゅう》類《るい》にも、個性はある。たとえば、同じイシガメやクサガメをペットとして飼っても、愛想よくなつくヤツ、知らんぷりばかりするヤツ、活発なヤツ、臆病なヤツなど、個性は豊かなようだ。

もちろん、イヌやネコにも個性はある。ヒトだけに個性があると考えるのは動物を知らない人の考えだ。

ただし、昆虫には個性はないと思う。昆虫にも脳はあるけれど、神経細胞の数はヒトの脳の10万分の1にすぎない。それでは、個性が現われるには脳の容量が小さすぎる。

23 ヒトはなぜ群れたがるのか？

ヒトは一匹狼では生きていけない

「俺は一匹狼だ！」みたいな人がたまにいるけれど、ヒトは基本的には一人では生きていけない。一匹狼に見られている人だって、どこかの組織に所属していたり、何かの商売をしたりして、誰かの世話になっているに違いない。

食料をすべて一人で取ったり作ったりして、家も自分で造って、医者にもかからないような人も、まれにはいるかもしれないけれど、一般的ではない。今はお金さえ稼げれば、なんとかなる世の中ではあるけれど、それにしても、お金で買える物は他人が作ったものだから、まったくの一匹狼では生きていけない。

ヒトという動物は社会性を有している。基本的には仲間と集団生活を営むようにできている。一人では子孫を残せないし、食べ物を得るのも難しい。

第２章で書いたように、およそ２００万年前にホモ属が現われた。僕たちの直接の先祖であるホモ・サピエンス（現生人類）が登場するのは16万年ほど前だ。

彼らは数十人から１００人程度のバンドと呼ばれる小集団を作って、狩猟採集生活を送っていた。「バンド」というのはもちろん、彼ら自身が語っていた言葉でなく、後世の人類学の用語だ。

僕らの先祖はまとまって住むことで、狩猟採集をするだけでなく、捕食動物から逃れてもいた。群れを作って、集団で暮らしたほうが単独生活をするよりも生き残る確率が高い。

ネアンデルタール人はどうして滅んだのか

ネアンデルタール人という化石人類がいる。ネアンデルタール人は約35万年前に出現して、２万５０００年ほど前に絶滅している。

ネアンデルタール人は学名をホモ・ネアンデルターレンシスという。現生人類に最も近縁な種である。

ネアンデルタール人はホモ・エレクトスまたはその近縁種から派生した人類なんだけど、実は僕たちホモ・サピエンスも同じ系統から出てきた。つまり、この共通祖先がネアンデルタール人とホモ・サピエンスに分かれたのだ。およそ60万年前のことだと考えられている。

ネアンデルタール人も群れを作って生活していた。ただ、ホモ・サピエンスよりは群れの規模が少し小さかったのではないかといわれている。

ネアンデルタール人がなぜ絶滅したのかは、まだはっきりとはわからない。ホモ・サピエンスが殺して、滅ぼしたのじゃないかと、かつてはいわれたけれど、その説は今では否定されることが多い。

ネアンデルタール人が滅んだ2万5000年前は氷河期の最終局面だった。氷河期だから、食べ物は少なかった。そうした中で、ライバルのホモ・サピエンスと食べ物を奪い合ったのだろう。ネアンデルタール人が滅んだということは、ホモ・サピエンスよりも狩りが下手だったのだと思う。

ネアンデルタール人の脳は大きい

実は脳の容量は、ホモ・サピエンスよりもネアンデルタール人のほうが大きい。ホモ・サピエンスは平均１３５０ccで、ネアンデルタール人は平均１４５０ccだから、ネアンデルタール人のほうが僕らより１００cc大きい。

ネアンデルタール人はその大きな脳で何を考えていたかはよくわかっていない。ただ、前頭葉は多少小さかったから、ホモ・サピエンスのように理性的なことを考えるのは苦手だったかもしれない。

前頭葉が小さくても生きること自体は困らないけれど、知性は低くなる。高等霊長類はヒトと比べて、前頭葉がはるかに小さい。

ネアンデルタール人はホモ・サピエンスより頑丈だったから、一対一で取っ組み合いのケンカをしたら、おそらくネアンデルタール人のほうが強かったと思う。でも、腕力だけが強くても、生き残れるわけではない。

ホモ・サピエンスは発達した前頭葉を生かして、道具の使い方や狩りの方法を究め、氷河期を生き延びたのだ。適切な規模の集団生活をしていたことも大いにプラスに働いただろう。

ライオンは狩りが下手

ライオンはプライドという群れをなして暮らしていると、第2章で書いた。狩りはメスが協力して行なっている。追い立てる役とか、待ち伏せする役とかを決めて、それぞれ役割を持っている。それでオスはどうかというと、もっぱら留守番をしている。

でも、狩りの成功率は2割ほどとあまり高くない。それに一対一だと、ライオンはそれほど強くない。ゾウやキリン、カバ、サイなどを襲うことはまずない。負けるからだろうね。

ライオンの狩りが下手なのは、結果的にそのほうがライオンにとって得策だからと考えられている。もし狩りがすごくうまいと、獲物になる動物はどんどん減っていく。食べるものが容易に手に入るから、ライオンはどんどん増えて、やがては狩る対象がいなくなる。

そうなると、共食いでもしない限り、ライオンは生きていけなくなる。絶滅してしまうかもしれない。だから、ライオンの狩りの成功率は2割程度でちょうどよいのだろう。

群れを追い出されたライオンが人を襲う

ライオンは母系社会なんだ。プライドの主《ぬし》は一応オスなんだけど、主でいられるのは通常2〜3年程度。というのも、プライド外の若いオスがプライドの主にしばしば挑戦してくるからだ。

主は挑戦を受けて立つ。勝つときもあるけれど、勝ち続けるのは困難だ。年もだんだん取ってくるしね。

だから、いずれは負ける。主だったライオンはプライドを追われてしまう。追われたオスは一人（!?）寂しくサバンナをさまよい、獲物を狙う。でも、オスのライオンは狩りをほとんどしたことがないから、狩りは得意じゃない。しかも、戦いに敗れ、傷ついていることが多いし、年老いていることも多い。だから、たいてい野垂れ死んでしまう。

あるいは、人を襲うこともある。武器を持っていない限り、人は弱いし足も遅いから、襲いやすい。人食いライオンは、だいたいプライドを追い出されたオスのライオンなのだ。

そういうライオンでもマサイ族は襲わない。マサイ族の男性は槍でライオンを殺して初めて一人前の戦士になるというくらいだから、ライオンはマサイ族を恐れている。ジープが近くを通っても、平気な顔をしているライオンも、マサイ族を見かけると逃げる。

それにマサイ族は、飼っている家畜をライオンに殺されたら、そのライオンを見つけ出して殺すというから、ライオンはマサイ族の家畜も襲わないようだ。復讐が怖いんだろう。

ライオンのメスは節操がない？

負けて、プライドを追い出されたオスのライオンには、子供もいたはずだよね。その子供たちはどうなると思う？　残念ながら、子供たちは新しいオスに殺されてしまう。プライドを乗っ取ったオスにとって、前のオスの子供たちには自分の遺伝子が入っていないから無用な存在だ。これは「ライオンの子殺

オレだって
昔はよぉ…
若い女が
ほっとかなくて
よぉ

し」といわれる。

ただ、子供たちの親であるメスは抵抗はする。でも、最終的には殺されてしまうことが多いようだ。

子供たちが殺されると、メスは子育てをする必要がなくなるから、すぐに発情する。それで、新たにやってきたオスと交尾をして子供を産む。人間にたとえれば、前のダンナを追い出して自分の子供たちを殺した相手と、再婚するようなものだ。

人間的な観点からは問題行動だけれど、これはライオンたちが選んだ、自分たちの社会のあり方なので、文句をつけても仕方がない。

最後に一つ補足すると、肉食で群れを作る動物は珍しい。ライオンのほかにはオオカミも群れで暮らすけれど、トラやチーター、ジャガー、ヒョウ、ピューマなどは、基本的には単独で行動する。ネコ科の肉食動物で群れで行動するのは、ライオンくらいじゃないかな。ライオンの生態はなかなか興味深い。

24 ヒトはなぜヒトをいじめるのか？

同調圧力とイジメの関係

イジメを原因とする自殺が後を絶たない。凄惨な事件に発展している例も少なくない。イジメなんていう言葉を超えて、殺人事件のようなものまである。痛ましい限りだ。

イジメはどうしてなくならないんだろう？　理由は幾つかあるのだろうけれど、一つにはヒトが社会的な動物だからだ。

集団の中で自分の位置を確保して、上にも下にも同僚にも気を遣うことは大人だけでなく、子供の世界でもあるはずだ。年上のお兄ちゃんに気を遣ったり、腕力の強い同級生に気を遣ったりすることは普通にある。

新しい集団に入る時は特に気を遣う。たとえば転校は神経を遣う出来事だ。右も左もわからない。友達が誰もいない。ほかのみんなはそれぞれ親しげにしている。そんなところに、いきなり一人で放り込まれるわけだから、大きなストレスがかかる。

同調圧力も、イジメと無関係ではないと思う。みんなと同じように考え、みんなと同じようなことをする。そうした圧力が目に見える形と見えない形の双方でかかる。

こうした同調圧力を親がかけることもある。親は子供に世間並みか、それ以上のことを求めがちだ。

たとえば「田中さんのところの雅志君は○□高校に合格したんだって。鈴木さんのところの真理恵ちゃんは△○高校だよ。どっちの高校も一流校だ。孝太郎も来年の受験、がんばらないとね」などと、子供に繰り返し言ったりする。こういう行為は子供に過度のストレスを与える。この過度のストレスがイジメなど、他者への攻撃につながることもある。

親はもう少しいい加減に、肩の力を抜いて、他人は他人と思った方がいい。

自分の子を他人と比較するのは子供をイジメているようなものだ。

無視するに限る

イジメを撃退するいちばんいい方法は無視することだと思う。気にしなければいいんだ。といっても、いじめられている当人には難しいかもしれないけれどね。

いじめっ子の側からすると、たくさんちょっかいを出して、からかっても、なんの反応もないと、つまらない。何度もイジメのようなことをしても、相手が気にしないと、やってもおもしろくない。そのうちに、イジメが止《や》む可能性は高いと思う。

何か熱中することを見つけるのもいい。熱中するものがあると、周りに嫌なことをされたり言われたりしても、「僕（私）にはこれがある」と思えるから、無視されてもあまり気にならない。

僕は子供のころ、友達があまりいなかったけれど、全然気にならなかった。虫採りが好きで、虫採りさえできれば、あとのことはどうでもよかった。

それでも、もし誰かに何か嫌なことをされたら、「このヤロー、許さねぇーぞ」という思いだけは持っていたから、ケンカはよくした。気迫だな。だから、イジメに遭うようなことはなかった。

同調圧力から距離を置く人は仲間外れにされやすいけれど、アウトサイダーであることを自覚して、それを隠さずにいると、生きやすくなると思う。

実際僕は、小学生時代から自分がアウトサイダーであることを自覚していて、アウトサイダーなりの生き方を少しずつ身につけていった。

そうするうちに、中学校や、高校や、大学や、卒業後に就職した組織でも、「あいつはアウトサイダーだ」と周りが見るようになって、イジメてもしょうがないからイジメられることもエラくなることもなくなった。エラくなりたくなかったのでちょうどよかった。

イルカのオスはメスを強姦する

ヒト以外の動物もイジメをするのだろうか。その問いに対する答えは「イエス」だ。脳が大きくなって、集団生活をする動物はイジメをする可能性がある。

たとえば、イルカは集団で一頭をいじめることがある。日本の水族館にいたイルカが外国の水族館に移ったことがあったんだけど、そのイルカは仲間外れにされたようだ。「新参者だ、いじめてやれ」という感じだったのじゃないかと思う。

イルカはなんとレイプをすることもあるらしい。オスがメスに求愛しても、タイプじゃないと、メスはその求愛を拒絶することがある。すると、腹を立てたオスがほかのオスたちを誘って、そのメスを強姦することもあるというんだ。

イルカは非常に頭のいい動物で、体と脳の体積比で考えた場合、ヒトの次に脳の比率が大きい動物はイルカといわれている。チンパンジーやゴリラよりも大きい。ヒトの次に賢い動物はイルカだと考える研究者も多い。

イルカは鏡に映った自分の姿を見て、それが自分であることを認識できるみたいだ。かなり高い知能を持っている証拠だ。チンパンジーも鏡に映る自分を認識できるけれど、イヌやネコにはできない。

イルカに話を戻すと、イルカは眠るとき、片方の脳だけ眠って、もう片方は起きている。右脳だけ眠って、左脳は起きている。次は左脳だけ眠って、右脳は起きている。これを1分ずつ交互に300回繰り返して眠るようだ。どちらか片方の脳は起きているから、安全に泳いだり、敵に襲われたときに気づきやすかったりするのだろう。身を守るための戦略だ。

狭い空間で起こる悲劇

少し前に札幌市円山動物園で、マレーグマのメスがオスに襲われて死んでしまったことがあった。当時、このオスとメスは同居していたという。

ある程度の高等動物ではこうした暴行が行なわれることがときどきある。動物園というのは動物にとって特殊な環境だから、自然にいるときとは違うストレスがかかるのだろう。自然であれば、襲われても逃げることが可能だけど、狭いオリの中に一緒にいると、逃げられない。

東京の多摩動物公園でもかつて、あるメスのライオンが何頭かのライオンを殺してしまったことがあった。あまりに凶暴なので、隔離されてしまったようだ。

ヒトでもそうだけど、動物でも過剰なストレスがかかると、何かしらの問題行動につながることがあるのだろう。動物園でも、相性の悪そうな動物は離したほうが賢明だ。ヒトも、イジメが続くようなら、転校してもいいし、不登校になってもいいと思う。

ハヌマンラングールというサルは子供のハヌマンラングールを殺すことがある。杉山幸丸《すぎやまゆきまる》という霊長類学者がインドで確認したんだけど、オスが新たに群れを乗っ取ったときに、自分の子ではない子供のハヌマンラングールを殺すんだ。前項で見たライオンの子殺しと同じだ。

しかし、これはイジメとは無関係だ。そういう仕組みになっているから仕方がない。ライオンがトムソンガゼルを追いかけて殺しても、イジメとは言わない。

ゾウは子ゾウや傷ついたゾウを守る

殺しではなく仲間を助ける動物もいる。

ゾウは移動するときに、傷ついたゾウや子ゾウなどを真ん中にして、周りを頑強なゾウで囲んで歩く。元気な大人のゾウたちが弱ったゾウや子ゾウを守っているのだ。

老いたゾウやケガを負ったゾウが死ぬと、みんな悲しそうな顔をして、死んだゾウの周りを何回も回ることもある。ゾウは仲間の死を悼む心をもっているようだ。

ゴリラは立ち上がって胸を両手で叩く行為をすることがある。ドラミングという行為だけど、ほかのゴリラや動物を攻撃するためにしているわけではない。むしろ反対で、戦いを避ける意図があって、これ以上近づかないでほしいとのメッセージなのだそうだ。

25 ヒトはなぜ序列を作るのか？

「さん付け」か「君付け」か呼び捨てか

「バイバーイ、キーヨ」

オーストラリアに住んでいたとき、18歳ぐらいのアルバイトのおネエさんにそんな挨拶をされたことがあったっけ。

当時、僕は40代半ばで、オーストラリア博物館の客員研究員だった。オーストラリア人は「キヨヒコ」なんていう難しい発音はできないので、私は「キーヨ」と呼ばれていた。日本語で「これ車のキーよ」というのと同じ発音だ。

オーストラリアやアメリカでは人間関係がフランクなので、年齢による接し方の差もあまりない。互いにファースト・ネームで呼び合う。日本と違うことはわかっていたけれど、実際に体験してみると、やはり少しは戸惑った。

一方、僕たち日本人は年齢や立場、関係性などで言葉遣いをずいぶん変える。

「さん」「君《くん》」「ちゃん」「先生」などの敬称も、使い分けるしね。養老孟司さん（解剖学者）は僕より10歳年上で、僕は若いころから養老さんと一緒に虫を採りに行くなどして、つき合っていた。僕は養老さんを「養老さん」と呼んで、養老さんは僕を「池田君」と呼ぶ。これは長いつき合いだからということもある。

茂木健一郎さん（脳科学者）や澤口俊之さん（脳科学者）に対しては、僕はそれぞれ「茂木君」「澤口君」と呼んでいる。昔からの知り合いでどちらも僕より年下であることが大きい。この原稿では、とりあえず「さん付け」にしているけどね。

人によって態度を変える人も

僕より少し年下の内田樹《たつる》さん（哲学研究者）とも僕は親しいのだけど、彼は養老さんに「内田君」とは呼ばれていない。僕が養老さんから「池田君」と呼ばれていることを、少し自慢げに内田さんに話したら、彼は「いいな、羨ましい」と言っていた。

でも、僕はもう70歳近いし、大学の教員という立場もあるから、「池田君」と呼ばれることはほとんどない。

とはいえ、中学や高校の同級生は、今でも「おー、池田」という感じで声をかけてくる。「さん」で呼ぶか「君」で呼ぶか呼び捨てにするかは、大した問題でないように見えて、実は人間関係を左右する結構大きな問題なのだ。僕も親しくない学生や元学生は「君」付けで呼ぶが、信頼できると思った学生はだいたい呼び捨てだ。僕に呼び捨てにされてうれしそうにしている学生は出世する。

おもしろいのは、対する相手によって態度を変える人がいることだ。たとえば、養老さんより2〜3歳年上の人が僕に向かって、「養老君も困ったものだよね」なんて言うことがある。「あぁ、そうですか」などと僕は返すんだけど、その同じ人が当の養老さんに会ったときは「あっ、養老先生、どうもどうも、お久しぶりです」なんて言う。僕は内心ニヤリとするんだけどね。

多くの人はいろいろな集団の中で、自分の位置を考えながら行動している。日本では特に名前のあとに付ける敬称をどうするかという、瑣末《さまつ》なように見えることを観察するだけで、その人の性格や度量や虚勢が分かる。それがいいかどうかは別として、相手をどう呼ぶかは集団の中で自尊心を保ちながらうまく生きていくための一つの方法だろうと思う。

ニワトリには鳴く順番がある

集団の中で自分の位置を考えながら行動しているのはヒトだけではない。コケコッコーと、ニワトリは鳴く。あの鳴き声は、あっちこっちのニワトリが好き勝手に鳴いているわけではないんだ。その集団のトップがまず鳴いてから、順番に次々に鳴いているのだ。

ケージに10羽とか20羽くらい入れて一緒に飼っていると、順位ができる。ニワトリはほかのニワトリをつつくことがあるんだけど、その順番が決まっているんだ。

いちばん強いニワトリは二番目以下のニワトリをつつく。二番目に強いニワトリは三番目以下のニワトリをつつく。三番目は四番目以下という具合に順位が決まっていて、序列がいちばん下のニワトリは、かわいそうに、みんなからつつかれまくることになる。これはニワトリの「つつきの順位」といわれる。

でも、ニワトリって、三歩歩くと忘れるというくらいで、記憶力は悪いようだ。

それで、トップのニワトリをケージから外に出して、別のところに何日か置いておいた。それで数日後、そのニワトリをケージに戻してみたら、新参者になって、最下位になってしまったというんだ。

最上位から最下位に急降下したのは、「つつきの順位」は強さだけでなく、習慣で決まっているということだ。しかし、そのニワトリが本当に強ければ、しばらくしてまたトップに返り咲くかもしれないね。

サルのマウンティング

ニホンザルはよくマウンティングという行為をする。マウンティングは自分の立場の優位性を示すために行なっているんだ。

形としては交尾の姿勢だけど、実際に交尾をするわけではない。メスがメスに対してや、オスがメスに対して行なうこともあるけれど、最も多いのはオスが別のオスに対して行なうパターンだ。

マウンティングをして、序列を決めておくと、無駄な争いをしないですむ。序列がないと、しょっちゅうケンカをして、ケガをしたり、場合によっては死んでしまうこともある。そうしたリスクを避けるためにも、序列を決めておくと便利だ。これは、ニワトリの場合でもいえる。

ヒトだってそうだ。「今日は俺がトップだ」とか「いや、今日からしばらくは僕がトップをやらせてもらう」とか、毎日のように争っていたら、仕事にならない。序列はある程度定まっていたほうが仕事をしやすいし、責任の所在も明確になる。

「それでは、仲間にしてやろう」

ニホンザルも群れを作って暮らしているけど、なかには群れから少し離れて、一匹で暮らしているオスのサルもいる。何らかの理由で〝はぐれザル〟になったのだろう。

でも、自分だけでは子供を作ることができないので、群れに戻ろうとする。その際、はぐれザルはまず幼なじみのメスザルに近づくのだ。

最初のうちは群れのボスザルがはぐれザルを追い払おうとするけれど、はぐれザルもがんばる。幼なじみのメスザルが心を許すようになると、ボスザルも「まぁ、いいか」といった感じになるようだ。

ただし、ボスザルははぐれザルをすぐに群れに受け入れるわけではない。ボスザルははぐれザルの背中に乗って、マウンティングをすることで、公にはぐれザルを仲間に入れてやるのだ。はぐれザルに対して自分の優位性を誇示するわけだ。

ヒトもマウンティングをする？

ヒトはマウンティングはしないけれど、人間社会にも序列はある。会社は社長、専務、部長、課長、主任、平社員など、完全な序列社会だ。

そうした序列は行動に反映される。たとえば、社内の廊下で社員と社長が朝、すれ違ったとき、社員は深々と頭を下げつつ、「おはようございます」と元気に挨拶する一方で、社長は「うん、おはよう」と鷹揚に答える。

考えようによっては、これはヒト流のマウンティングかもしれない。

最近は、マウンティング女子という言葉も流行しているようで、相手の話を否定したり、バカにしたりして、自分の優位性をアピールする女性もいるようだ。

26 ヒトの親離れはなぜ遅くなったのか？

親が子供の入社式にまで参列するようになった

最近では、大学や大学院の入学式にも親が参列するケースが増えているらしい。大学の卒業式や大学院の学位授与式にも親が列席することもあるみたいだ。さらには、入社式にまで出席したりするとなると、ちょっと気色が悪い。

僕が子供のころも、小学校の入学式には、ほとんどの親が来たと思う。でも卒業式だと、来ない親もそこそこいた。中学以上になると、親が来ないケースも多かった。高校の入学式や卒業式には、親はまず来なかった。

昔の親は忙しくて、学校のことは学校に任せておこうという親が多かったのだろう。

僕自身が親になってからは、3人の子供の入学式にも卒業式にも、一度も出たことがない。女房はどうだったのだろう。

自立を促す動物、自立を妨げるヒト

最近の日本では、晩婚化や非婚化が進んで、結婚しなかったり、結婚しても子供を持たない夫婦も多くなった。さらに、独り身で親の世話になりつつ暮らしているパラサイトシングルと呼ばれる人たちもいる。

親元を出ると、家賃や食費がかかるので、親元にいた方が居心地がいいのだろう。

親の方も、そうした子供たちを自分のもとに置いておくことに寛容だ。大した給料ももらっていなくて、かわいそうだと思うのかもしれない。もっとも、親にある程度、経済的な余裕がないと難しいけれど、余裕があれば、同居を厭《いと》わない親も多い。それでパラサイトシングルが増えることになる。

ヒト以外でも、子供が親元を離れるのを嫌がる動物は多い。哺乳類でも鳥類でも、そういうケースは少なくない。

ただ、動物がヒトと違うのは、乳離れしたくない子供を親が無理やり一人立ちさせることだ。蹴飛ばすなり、つつくなりしてでも、自立させようとする。あるいは、エサを与えなかったりして、もう自立できると親が判断すれば、親は子供に厳しく当たる。

たとえば、タカの親はヒナがある程度飛べるようになると、巣から出して、飛ぶように促す。ヒナは怖がって、なかなか飛び立たないけれど、親が誘導して飛ばせるのだ。

ヒナもついには意を決して飛び立つ。ヒナはまた巣に戻ることもあるけれど、ほどなくして親はヒナを完全に追い出してしまう。子育てに使った巣は要らなくなるから、親もどこかへ行って、子供も本格的に独り立ちする。

カンガルーの子離れ

有袋類のカンガルーの赤ちゃんは発育不全の状態で生まれて、母親の下腹部にある育児嚢《いくじのう》という袋の中で育てられる。

生まれたばかりのカンガルーの赤ちゃんはとても小さくて、体長２㎝、体重

はわずか1gほどだ。見ようによっては、寄生虫にも見える。

そんな赤ちゃんカンガルーも、いずれは大きくなる。半年を過ぎるころから育児嚢から顔を出すようになって、さらにひと月ほど経つと、育児嚢から出ていく。

でも、何かあると、すぐに育児嚢に戻りたがる。まだ親の庇護のもとにいたいんだろうか。このあたりは最近の日本人と同じような感じだ。

しかし、ここからは違う。母親は足で子供を蹴っ飛ばして、育児嚢に入れないようにする。母親としても、大きくなった子供に入られては、邪魔だし、動きにくい。

親の半分くらいの大きさになった子供が母親の育児嚢に入ろうとしているのを見たことがあるけれど、あんな大きな子供に入られたら、母親はたまったもんじゃない。案の定、親は「こらッ、入ってくるな！」という感じで、蹴っ飛ばしていた。

ヒトという生物と社会システムのズレ

日本人に限らずヒトの自立が遅くなったのは、生物としての成長と社会システムのズレが大きくなったことにある。

ヒトは男女ともにだいたい13歳か14歳ぐらいになれば、親になることができる。つまり、子供を作ることができるんだけど、今の世の中、13歳や14歳は中学生だから、子供を産み育てる年頃ではない。

日本では、女性は16歳、男性は18歳になると結婚ができるけれど、今は進学する人が多いから、20歳未満で結婚する人は少ない。これも生物としてのヒトと社会システムのズレと考えられる。

反抗期なんていうのも、本来はなかったと思われる。

生物学的に大人になる13歳か14歳で、社会的にも自立すれば、親に反抗するなどありえない。

反抗期というのは、本来、自立する時期になっているのに、社会が「まだ自立するな」と規制するところから生ずるのだ。

「俺はもう自立するよ。自分で生きていくよ」

「私、あの人と結婚したい。子供も作りたい」

10代半ばの若い人がそんなことを思っても、親やら学校やら世間やら法律やらが「おまえはまだ早い」と言う。それで若者が無意識の抵抗を試る。場合によっては、グレてしまう。すべてとは言わないけれど、反抗期にはそういう側面もあると思う。

若い人がせっかく自立しようとしているのに、大人や世間が「まだ早い」と言うというのは、かなりおかしなことかもしれない。

「お母さん、僕はいい加減、この育児嚢から出ていきたいよ。自分の力で生きていきたいよ」と子カンガルーが言っているのに、母カンガルーは「まだ早いわよ。ほら、ママのおなかのほうが温かいよ。まだここにおいで」なんて言っているようなものだ。

ヒトは生物としての自然から離れた社会システムを構築してしまったので、この問題は解決不可能だろうな。

27 ヒトの寿命はどこまで延びるのか？

日本人の平均寿命が50歳を超えたのは戦後

第2章で「女はなぜ男より長生きなのか？」について書いた。

でもそもそも、ヒトの寿命は男女ともに飛躍的に延びている。縄文時代の日本人（当時、日本人という概念はなかったけどね）の平均寿命は15歳ほどだという。そこまで大昔でなくても、明治時代や大正時代の平均寿命は男女ともに40代前半だ。

現代と比較すると非常に短い平均寿命だけど、それは日本に限ったことではない。たとえば、イギリスの１８４２年の調査によると、リバプールの知識層・ジェントリー地主層の平均寿命は35歳、同じリバプールの労働者の平均寿命は15歳というから、ずいぶん短いことがわかる。

ただ、同じ時期の農村地帯では、知識層・ジェントリー地主層の平均寿命は52歳、労働者は38歳になっている。それでも、今よりはかなり短い。

「人生五十年」という言葉もあるけれど、日本人の平均寿命が50歳を超えたのは昭和も戦後になってからだ。けっこう最近だ。でも、そこから急激に延びて、2014年の日本の平均寿命は、男性が80・50歳、女性が86・83歳にもなった。

体が大きな哺乳類は長生き

ヒトはどこまで寿命を延ばすことができるのだろうか。

哺乳類は基本的には体が大きいほうが長生きする。だから、シロナガスクジラやゾウは長生きだ。シロナガスクジラは最長で120歳ほど、ゾウは80歳くらいまで生きるのも珍しくない。

ウマはそれほど長く生きない。日本の競走馬で長生きで有名だったのはシンザンで、35歳で死んでいる。日本競走馬史上最高の名馬とされるシンボリルドルフは30歳、その子供のトウカイテイオーは25歳で死んでしまった。それでもサラブレッドとしては長生きだ。ヒトより体が大きいけれど、ヒトより短命なのだ。

体の大きさから考えると、ヒトの寿命は40~50歳くらいということになる。でも、今は世界の多くの人がそれ以上に生きるようになった。背景にはもちろん栄養状態や衛生状態の改善、医学医療の発達などがあるが、ヒトは哺乳類の中では、例外的に遺伝的な寿命が長いということもあると思う。

ヒトの寿命は120歳

では、ヒトはどこまで生きることができるかというと、120歳くらいまでだろう。フランスのジャンヌ・カルマンさんは122歳5ヶ月まで生きたけれど、そのあたりが限界だと思う。

「ヒトの最長寿命120歳説」の理由は二つある。

一つは非分裂細胞の寿命だ。ヒトの体は分裂細胞と非分裂細胞からなっている。心臓の細胞と脳の神経細胞は非分裂細胞で、これらの細胞は時間が経つにつれて、細胞の中に老廃物がたまっていく。そして、やがては細胞の寿命が尽きてしまう。それが１２０年といわれている。

もう一つは分裂細胞の寿命だ。ヒトの分裂細胞は50回分裂すると、寿命が尽きる。細胞のこの分裂限界は発見者の名前にちなんで「ヘイフリック限界」といわれる。それで、50回分裂するのに要する期間がおよそ１２０年。非分裂細胞の寿命と同じだ。つまりヒトは、分裂細胞の寿命も非分裂細胞の寿命も、どちらも１２０年くらいなのだ。

だからといって、すべての人が１２０歳まで生きられるわけではないし、その潜在的可能性を持っているわけでもない。長寿の人は長寿になる遺伝的な組成を持っているし、その後の食生活などの生活スタイルに負うところも大きい。

オスの寿命は3日、メスの寿命は20年

ヒトやシロナガスクジラ、ゾウなどの寿命は比較的長いけれど、昆虫の寿命は短い。数ヵ月や1年程度、あるいは数年くらいが多い。

第1章でも紹介したアカシュウカクアリの寿命は興味深い。アカシュウカクアリのオスには口がない。退化して、なくなってしまったのだ。何も食べられないないので、巣から飛び立って3日程度で死んでしまう。

アカシュウカクアリのオスは3日間何をするかというと、ひたすらメスを探して交尾をする。それで、交尾をしたら、死んでしまうというわけ。悲しいかな、食べる楽しみがアカシュウカクアリのオスにはないわけだ。

一方のメスは、3〜4匹のオスと交尾をする。すると、精子は十分にたまったとばかりに、オスに見向きもしなくなる。

体の中に精子をため込んだメスは、その精子をチョビチョビ使いながら、卵を産み続ける。そしてなんと、メスは20年ほども生きるんだ。平均的な縄文人より長生きだ。精子もまたメスの体内で20年間生き続けるということだ。「虎は死して皮を留《とど》め、人は死して名を残す」ということわざがあるけれど、さしずめ「アカシュウカクアリのオスは死して精子を残す」といったところだ。

オスの寿命は3日、メスの寿命は20年。ヒトもメス（女性だね）のほうが長生きだけれど、ヒトの比ではない。なんとも大きな男女間格差だ。

魚や木は長生き

意外に思うかもしれないけれど、魚はけっこう長生きだ。小さい魚で一年生の魚もいるけれど、そういう魚は別にして、哺乳類より長生きする魚もたくさんいる。

「生きている化石」といわれるシーラカンスは原始的な硬骨魚類のグループに属していて、なんと3億6000万年ほど前に出現した。このころはデボン紀末期で、縄文時代どころの話じゃない。

シーラカンスはすでに絶滅したと考えられていたけれど、1938年に南アフリカの東海岸で現生種が見つかったんだ。もちろん、3億6000万年前のものとは異なる種だ。

シーラカンスは進化速度が非常に遅いことが分かっているが、個体もかなり長生きなんだ。100年は軽く生きると見られていて、300年くらい生きるのじゃないかと言っている学者もいる。

コイもけっこう長生きで、100年を超えるものもいる。

爬虫類にも長生きするのが多く、カメやワニでは、200年以上生きる個体もいる。

魚類や爬虫類よりもずっと長生きする生物もいる。それは植物だ。

屋久島の屋久杉は樹齢3000年前後といわれる。3000年前、日本は縄文時代だ。

屋久杉の上を行くのはドイツトウヒという木で、スウェーデンに生息している個体は1万年近く生きていると考えられている。

植物が長生きするのは、生体のシステムが単純だからだ。根と枝と葉という簡単な組織から出来ているからね。

一方、ヒトなどの動物の体は複雑になりすぎて、どこかの臓器や細胞に異常があると、全身に悪影響を与えるので、植物ほど長生きできないのだろう。

クマムシは不死身⁉

「不死身の生き物」なんていわれることもあるクマムシを知っているかしら。

乾燥して特殊な状態になったクマムシは、120℃以上の高温にさらされても、マイナス２５０℃以上の超低温に置かれても、適温に戻して水を加えてやれば、生き返る。真空にも高圧にも耐え、ヒトの致死量の１０００倍以上の放射線を浴びても死なない。だから「不死身の生き物」なんていわれるのだ。

クマムシは名前に「ムシ」と付いているけれど、厳密には虫ではない。昆虫やザリガニなどの節足動物に近い系統だけど、節足動物よりももう少し原始的な生物だと考えられている。最小の種《しゅ》は体長０・１５㎜、最大の種は１・７㎜ほどで、肉眼で見えるかどうかといったくらい小さい動物だ。土の中や屋根の雨どいの落ち葉だまりなどに棲んでいる。

クマムシは乾燥に非常に強く、乾燥すると、縮こまってカチカチになる。カチカチになったクマムシは代謝もせず、エネルギーもまったく使わず、心臓も動かず、血液も循環していない。ほとんど死んだような状態だけど、厳密には死んでいない。僕たちヒトから見たら、実に不思議な生き物だ。

このように乾燥した状態を「クリプトビオシス」、日本語だと「乾眠《かんみん》」というのだけど、水を一滴垂らすと、クマムシは息を吹き返して、動き出す。

ちょっと難しい話になるけれど、クマムシは乾燥が始まると、水の代わりにトレハロースという糖を生成して、この糖が細胞内の高分子の間に入り込んでいく。そして、高分子間の位置関係を保ったまま、縮こまる。これがクリプトビオシスだ。乾燥して縮んでも、高分子同士の位置関係は保たれているから、水をかけると、トレハロースが溶けてエネルギー源になって、クマムシは生き返るというわけだ。乾燥したクマムシは生きている途中で時間が止まったみたいなものだ。

「不死身の生き物」ともいわれるクマムシも決して不死身じゃない。乾燥していないクマムシを人が手でブチッとつぶすと、死んでしまう。か弱い生き物でもあるのだ。

28 ヒトはなぜ一種なのか？

今のヒトはホモ・サピエンスのみ

現生のヒトはホモ・サピエンスただ一種だ。数万年前まではネアンデルタール人やデニソワ人やフローレス人なども生存していた。さらに前にはホモ属以外のアウストラロピテクス属、アルディピテクス属、サヘラントロプス属などが生存していた。最も近い過去まで生存していたのはネアンデルタール人だ。

ヒトはどうして一種かというと、何でも食べるからなんだ。ヒトは植物、昆虫、魚介、鳥類、爬虫類、哺乳類と、何でも食べる。全世界で人類が食べている動植物種をリストアップしたら、数千は下らないと思う。これほどいろいろなものを食べる種《しゅ》は、ヒト以外にいない。

何でも食べる種が数種いると競争が激しくなる。何でも食べる広食性の種が多いと、食い分けをすることがないから、食べ物の争奪が激しくなる。効率よく食物を取る強い種が残って、弱い種は滅んでいく。食べ物だけでなく、ヒトはいろいろなところに住めるから、住む場所の争奪でも争いになるはずだ。

ホモ・サピエンスが今も存在しているということは、複数種いたヒトの中でいちばん強かったからだと考えることもできる。

仮定の話だけど、次のようなことも考えられる。ネアンデルタール人は肉と植物は食べるけれど、魚や貝、昆虫は食べない。一方、ホモ・サピエンスは魚や貝、昆虫は食べるけれど、肉と植物は食べない。もしそうだったとしたら、争いはあまり起きないから、ネアンデルタール人は今も存在していたかもしれない。

昆虫は3000万種⁉

ヒトは一種だけれど、ほかの動物の種はどうかというと、たとえば、昆虫を含む節足動物は一説によると、3000万種いるといわれている。ヒトが一種

であることを考えると、３０００種でもすごく多いのに、３０００万種だよ。どうしてこんなに多いのだろう？

大きな理由は、昆虫は種ごとに食べるものがごく限られているからだ。たとえば、カイコの幼虫は桑の葉しか食べない。モンシロチョウの幼虫はキャベツなどのアブラナ科の葉しか食べないし、アゲハチョウの幼虫はミカンやサンショウなどミカン科の葉しか食べない。

多くの昆虫は自分たちが食べるエサの種類をかなり限定している。実は食べられないわけではないのだけれど、あえて食べないという判断をしているんだ。昆虫は有限の資源である食べ物をそれぞれの種が分け合っているということだね。それぞれのエサの種類を限定して他の昆虫種のエサを無闇に食べない。

もしもすべての昆虫が雑食で、多くの種類のものを食べるとしたら、どうなるだろう? 食べ物の奪い合いになって、最終的にはヒトのように一種類の一番強い昆虫だけが生き残るかもしれない。でも、昆虫は食べ物をシェアーすることによって、豊かな種多様性を保っているのだろう。

養老孟司さんのネコ

ヒト以外の哺乳類も食べ物の種類を限定している。養老孟司さんのところで前に飼っていたネコはどんなに腹ペコでもキュウリは食べなかったらしい。

ネコ用の缶詰が底をついたことがあって、仕方がないから冷蔵庫にあったキュウリを与えたけれど、ネコはいっさい食べなかったらしい。養老さんは「キュウリにだって栄養はあるんだから食べなさい」とネコに説教をしたらしいけれど、聞く耳を持たなかったようだ。

人間は腹が減ったら、食べられるものならとりあえず何でも食べるけれど、ほかの動物はそうとは限らないんだね。

社会の多様性を考える

かつての日本の社会は商店街が賑わっていて、八百屋、魚屋、お菓子屋、靴屋、文房具屋、食堂などの小さな店が並んでいた。

それがいつのころからか、大型のスーパーマーケットやショッピングモールがどんどん出店し、そうした零細店は店を畳まざるをえなくなっていった。スーパーやショッピングモールには、魚も野菜もお菓子も文房具もすべて売っている。

社会の多様性を尊重するのであれば、大型店の出店は規制したほうがいいと思う。一時期は大規模小売店舗法（略して大店法《だいてんほう》）という法律が大型店の出店を規制していたけれど、すでに廃止されている。人間のようなジェネラリスト（何でも屋）が、スペシャリスト（専門家）より強くなると、多様性は減ってしまう。

昆虫はいろいろな植物を食べても生きていけるのに、いわば禁欲主義を選択して、特定の植物だけを食べ、特定の地域に棲んでいる。そうして、何億年も命をつないできた。片やヒトは、あらゆるものを食べて、貪欲に生活圏を広げ続けている。

果たしていつまで生き続けられるのだろうか。

29 ヒトはなぜ裸なのか？

毛がない動物は珍しい

ヒトはどうして裸なのか、と問われても「私はいつも服を着ているよ。裸じゃないわ」と言う人もいるだろうね。それはわかるけれど、これはそういう意味じゃない。ヒトはなぜ毛が生えていないかという問だ。

ヒトには髪の毛やうぶ毛、すね毛などは生えているけれど、毛で全身が覆われているわけではない。こういう動物は珍しい。

ゴリラもチンパンジーも、ライオンもトラも、シマウマもキリンも、ニワトリもスズメも、アザラシもラッコも、毛がかなり生えている。カバやゾウ、クジラなど、ほとんど毛のない動物もいるけれど、少なくとも霊長類では、毛が生えていない動物はヒトだけだ。

ヒトにはどうして毛がないんだろう？　ヒトはどうして裸になったんだろう？　実はこの問題は進化生物学上の大きなテーマの一つなのだ。

女性が毛のない男性が好きだから？

ヒトは誕生した当初、サバンナのような暑いところにいたから無毛に進化していったと考える学者もいる。

でも、僕は違うと思う。というのも、裸でいてもよいことは何もないからだ。寒いときもあるし、ケガもしやすい。サバンナにも、毛がワサワサ生えた動物はたくさんいる。

さらに重大なことは、その後、地球は氷河期を迎える。氷河期に裸でいるなんて、致命的ですらある。当時は当然、暖房器具はないんだから、寒いに決まっている。暑いから、裸に進化していったのなら寒くなったら毛が生えてもいい。

「性選択」という理屈を考えた人もいる。進化論で有名なダーウィンだ。

性選択というのは、ある形質に生物学上の多少の不都合があったとしても、その形質をメスが選ぶのであれば、メスに選ばれる形質が選択されて、その形質を発現させるオスの遺伝子の頻度が増えていくという考え方だ。オスはメスに選んでもらって、自分の子孫を残したいから、メスが気に入るような形や行動を身につけるに違いないという考えだ。

メスは選ぶ立場でオスは選ばれる立場であると、第2章で書いた。そのことが性選択の理屈の背景にある。

ヒトの毛がなくなったことについていえば、メス（女性）が裸のオス（男性）が好きで、裸のオスを選んでいったから、オスは徐々に裸になっていって、ヒト全体が裸になっていった（毛がなくなった）という理屈だ。

でも僕は、この考えにも疑問を持っている。

脳と毛の両方は選べなかった!?

ヒトが裸になったのは、ヒトの脳が大きくなったことの副産物じゃないかと、僕は考えている。

といっても、これだけではどういうことかわからないよね。ちょっと説明してみよう。

以前は一つの遺伝子が一つの形態や行動に関わっていると考えられていた。でも今では、遺伝子は相互に関連していることがわかっている。ただ、どの遺伝子とどの遺伝子がどういうふうに関連しているかは、まだよくわかっていない。

たとえば、脳が巨大化する遺伝子と体が裸化《はだかか》する遺伝子が関連していて、仮に脳が大きくなると、不可避的に毛がなくなっていって、裸になっていくと考えてみよう。毛がふさふさのまま脳を巨大化させることは難しいという考えだ。

一方を追求すると、他方が犠牲になることを「トレードオフ」というけれど、これは生物学においてもいえる。

ヒトの脳の巨大化と体の発毛もトレードオフではないかと僕は思っている。脳を大きくする遺伝子のスイッチが入ると、毛を生やすことができなくなるんじゃないかと思う。つまり、ヒトは脳を発達させることで無毛の動物に進化したということだ。

脳と毛の両方を選べないなら、どちらかを選ばないといけない。脳は小さいままに、毛はフサフサにする。これはヒト以外の多くの動物が取ってきたやり方だよ。脳を大きくして、毛をなくした。これこそがわれわれヒトの先祖が取ったやり方ではないかと僕は思う。

毛を失って、裸になったら、当然寒さに弱い。深手も負いやすい。でもその代わり、脳が大きくなると、これまでは思いつかなかったいろいろなことを考えられるようになる。火をおこしたり、道具を使ったり。着る物を作ったりすることができるようになる。どちらが有利かというと、毛を失っても、脳を大きくしたほうが有利だ。自然選択はそのように働いたんだろうね。僕はそう考えている。

右の話には推論も入っているけれど、どの遺伝子とどの遺伝子がどういうふうに関連しているか、よりはっきりわかるようになると、ヒトが裸になった理由も明確になるだろうと思う。

天才は何かが足りなくなる⁉

トレードオフについて、もう少し説明しておくよ。ヒトの脳もトレードオフになっていて、すべてに優れている人は実はいない。

たとえば、音楽の天才といわれる人がいるよね。極めて優れたピアニストとか多くの人を魅了する曲を作る作曲家とか。

そういう人のＭＲＩ（核磁気共鳴画像法）の画像を見ると、音楽に関係する右脳の側頭葉ばかりでなく、通常は言語をあやつる左脳の側頭葉も働いていたりする。

だからこそ、非常に優秀な音楽家になるのだけれど、あまりに行きすぎると、日常生活を送れなくなることもある。音楽に関しては天才だけど、そのほかのことに関しては標準以下の能力しかないということも起こりうるわけだ。ある側面が非常に秀でたため、ほかの部分が犠牲になったということだ。

天才的なピアニストで視覚障害のある人もけっこう多い。視覚障害があると、視覚情報が脳に入ってこない。

視覚に問題のない人は通常、右脳の側頭葉だけを働かせて音楽的行為を行なっている。でも、視覚障害者は視覚情報が入ってこないので普通は視覚を司どる後頭葉も音楽的行為に使っているのかもしれない。

となると、音楽に使える脳は視覚に問題のない人よりはるかに大きくなると考えられる。そのことがピアノなどの音楽の天才につながる可能性がないとは言えない。

音楽も絵もスポーツも数学も物理も文章力も暗記も決断力も行動力も、すべてに優れている人は、脳内のトレードオフを考えると、存在しないことになる。

となると、不得手なことはあきらめて、得意な分野を伸ばそうと考えた方が、成功する確率は高くなる。

30 ヒトはなぜ戦争をやめられないのか？

復讐心が戦争を引き起こす

戦争については、第1章でも書いた。ここでは、また違った観点から戦争について考えてみよう。

人間は自分の子供や親、妻、夫、恋人を殺されたら、どう思うだろうか。なんの罪もないのに、愛する人がいきなり惨殺されたら、復讐してやる、と思うだろう。実際に行動に移すかどうかは別にして、そう思う人の方が普通だ。

こうした復讐心は国家間などの戦争にも大きく影響している。資源などを巡って、人間は戦争をしているけれど、ひとたび戦争が起きて、愛する人が殺されると、復讐心に火がつく。

たとえばアメリカなどの西側諸国とイスラム過激派の戦いを見ていると、少なくともイスラム過激派の人たちは西側諸国に燃えさかるような復讐心を持っているのを感じる。

「アメリカ、許すまじ！」

「フランスに目にもの見せてやる！」

こうした気持ちがイスラム過激派の気持ちの根底にあるように思う。

第一次世界大戦が終わったあと、まもなくして第二次世界大戦が起きた。この第二次世界大戦も、復讐から読み解くこともできる。

第一次世界大戦で敗戦国になったドイツは戦勝国側から過酷な賠償金を請求された。それが戦勝国側への深い恨みになって、ドイツではナチスが台頭する。そうして、のちに第二次世界大戦が勃発したと考えることもできる。とすれば、戦勝国側へのドイツの復讐心が第二次世界大戦を引き起こした側面もあるということだ。

こうした復讐心を持つのはヒト以外にはほとんどいない。チンパンジーに関しては若干わからないところもあるけれど、復讐のために戦うことはおそらくないと思う。

ヒトは執念深い

ヒト以外の動物はヒトのようにいろいろなことを覚えていないんだ。記憶力がヒトほどはないし、情報を蓄積する能力に欠ける。だから、忘れてしまう。

ニワトリは三歩歩いたら忘れるというけれど、本当かどうかはわからない。でも、決して記憶力に優れてはいないことは確かだ。前に書いたように、かつてトップだったニワトリを離れたところに数日置いておくと、ほかのニワトリはトップだったニワトリのことを忘れてしまうくらいだからね。

それから、動物は自分や自分の子の命を最も優先するから、遺伝的つながりのない他者のために命を投げだそうとはしない。

このあたりはヒトも基本的には同じだけど、一方でヒトは、復讐することに加えて、思想や信条、宗教のために命を懸けることもある。これはヒトの特徴だ。

ほかの動物に比べて、ヒトは記憶力がいい。このことはヒトの執念深さにつながっている。記憶力がよくないと、執念なんか、持ちようがない。

ライオンのメスは自分の子供たちをオスに殺されても、そのオスと交尾をすると書いた。メスはオスに対していろいろと抵抗はするけれど、最終的には自分の子供たちを殺したオスを受け入れる。

そのメスのライオンがオスのしたことを忘れるのかずっと覚えているのかどうかはわからないけれど、オスに対して復讐心を持ち続けていないことは確かだ。というのも、そういう立場のメスがオスの寝首をかいたなどという話は聞いたことがないから。

でもヒトなら、受け入れたフリをして寝首をかいたり、ほかのオス（男性）に頼んで暗殺してもらったりする可能性もある。こういうことが続くと、争いの規模が大きくなって、戦争が起こることもあるだろうね。

今の時代、戦争をするメリットは何もない

ヒトが戦争をするのは、基本的には食べるためだ。逆にいうと、食べられなくなると、ほかの豊かなところに食べ物を奪いに行って、そこに住む人たちと戦争になる。

近年では、奪い合うものが食べ物だけでなく、石油などの資源も含まれるようになった。資源を奪い合う資源争奪戦争が近代戦争の特徴だ。

食べ物も資源も潤沢にあれば、戦争を起こす必要はないということだ。

特に日本は戦争をする必要はないはずだ。戦争の費用と利益を考えたら、日本が戦争をするのは、まったく割に合わない。

たとえば日中戦争のとき、日本は中国に進出した。それはもともと、日本の人口が大幅に増えて、開拓地を求めて満州に農家の次男や三男などを移住させたことが発端だった。簡単にいえば、食べるものが日本になくなったから、外に食べ物を求めたんだ。

戦争を肯定するつもりは毛頭ないけれど、当時の日本の中国侵略には多少の意味があったといえる。

でも今は、日本が戦争をするメリットは何もない。人口は減少しているし、所得の再分配をうまくやれば、飢える人はいないはずだ。

それにもし日本が戦争をしたら、エネルギー自給率が6%しかない現状では、非常に厳しい状況になるのは目に見えている。食料自給率は39％で、これもかなり低い。

資源もエネルギーもほとんど持っていなくて、食料も自国で賄えていない日本が、莫大な費用をかけて戦争をして、どれだけのメリットがあるのか。メリットはまるでない。

他国から、日和見と言われようが、何を言われようが、日本はのらりくらりと平和主義を貫いたほうがいいよ。それが日本の生きる道だと、僕は思う。

31 ヒトはなぜ保守的で冒険心もあるのか？

ヒトは凶暴でもある

ヒトは保守的な部分と同時に、冒険心と好奇心に富む側面も併せ持ってい て、タガの外れたところのある動物だ。男女で分けるなら、男のほうがより冒険心や好奇心に富む。

ヒト以外では、ここまで冒険的な動物はなかなかいない。ほかの動物はもっと保守的で、食べ物がなくなるなど、よほどのことがない限り、世界のあちこちに移動しない。

ヒトの冒険心や好奇心は、ほかの生物にとっては、極めて迷惑な話でもある。というのも、そうした特徴がヒトの凶暴さや侵略性と結びついて、ほかの生物の生存を圧迫するからだ。現に非常に多くの種《しゅ》がヒトによって滅亡に追いやられている。

「私は優しいわよ」「僕は穏やかだし、争いは嫌いだよ」などと言う人もいるだろうけれど、文化的な生活をするということはとりもなおさず、他の野生生物を圧迫することになるのだ。

たとえば牧場や田畑は元来そこに棲んでいた野生生物を亡ぼして開拓されたものだ。本当は野生生物を持続可能な範囲で食べていた方が野生生物に優しいのだ。


先祖は冒険心に富んだけれど……


ニューギニアの高地に住むニューギニア高地人は、ヒトが冒険心と保守性を共に有していることの好例かもしれない。

ニューギニア高地人の先祖は大昔に大陸からニューギニア島にやってきたと考えられている。それこそ、アボリジニと同じ時代に丸太舟か何かに乗って渡ってきたのだろう。こうした行為は冒険心があってのことだ。

辿り着いたニューギニア島の高地には、自分たちを襲って食べるような凶暴な動物もいなくて、食べ物もなんとか間に合った。人間同士の競争もさほどなく、のんびりゆったり過ごすことができた。

そうすると、ヒトは怠惰になり堕落していく。よく言えば、大らかになるとも言えるけれど、努力はしなくなる。一時期は文字を持っていたようだけれど、その文字も廃れてしまったようだ。

20世紀の半ばになって、西洋人の探検隊がやってくると、ニューギニア高地人は自分たちの先祖がやってきたと思ったそうだ。

探検隊はセスナでやってきて、高地人に食料の缶詰の一部を贈り物として渡した。そして小屋を建てて、そこに余剰の食料品を入れて置いたらしい。すると、一夜にして、小屋の中の食料品は全部なくなっている。高地人が持っていってしまうのだ。自分たちへの贈り物だと思っているから、悪気はないのだろう。

それで、探検隊は小屋にカギをかけるのだけど、探検隊がカギを開け、戸を開けると、食料品が小屋に入っている。その様子を見た高地人は、同じような小屋を作った。探検隊が作った小屋に似た小屋を自分たちも作って、次の日に開けると、そこにご先祖様が食べ物が入れてくれるんじゃないかと思ったのだね。

探検隊はその後もセスナでやってきて、食料品などを補給していく。それを見ていた高地人たちは、次にはセスナが降り立ってもよいような空き地を作って、その空き地に向かって、毎日お祈りをしたらしい。お祈りすると、食べ物がセスナと共に空からやってくると思ったのだろう。

ニューギニアの高地に辿り着いて、楽園のような暮らしを代々、長い期間にわたって送ってきた高地人たちは、努力したり、競争したりする精神を忘れてしまったのかもしれない。

ニューギニア高地人のことを思うと、ヒトが持つ冒険心と保守性の二面性について、ちょっと複雑な感慨に捉われる。

５００ｍを飛ばない鳥

定住して、安楽な暮らしを続けていると、ヒトは意欲を失うのかもしれない。

でも、これはヒトだけが持つ性質ではないようだ。典型的な例がメグロという鳥だ。メジロじゃなくて、メグロだよ。

メグロは小笠原諸島の固有種で、かつてチチジマメグロとハハジマメグロがいた。でも、父島《ちちじま》にいたチチジマメグロは絶滅してしまって、今はハハジマメグロしかいない。

このメグロはかなり怠惰な鳥だ。

DNAの分析結果から、メグロはサイパン島に棲むオウゴンメジロと近縁であることがわかっている。今から数十万年前、メグロの先祖は1000km以上の大海原を越えてサイパン島から小笠原にやってきた。

メグロは母島《ははじま》だけにいると書いたけれど、もう少し詳しく書くと、母島諸島の母島、向島《むこうじま》、妹島《いもうとじま》の三島にしか棲んでいない。母島諸島にはこれら以外にも平島《たいらじま》、姉島《あねじま》、姪島《めいじま》という島があるのだけれど、これらの島にメグロはいない。メグロが棲んでいない島は、実は標高が低いのだ。

母島諸島の島と島の間は最短で約500m、遠くても約5km。かなり近い。

メグロが棲む島と棲んでいない島の環境もさして変わらない。

それなのに、メグロは平島、姉島、姪島にはいない。昔は母島諸島は全部つながっていて、メグロは広く棲んでいたのだが、海面が高くなった時期に標高の低い島は海面下か、海面すれすれになって、メグロは絶滅したのだろう。それから、数千年経って環境が元に戻っているのに、メグロはたったの５００ｍを飛ぶのもためらっているということだ。飛べる羽があるのに、ものぐさの極みだ。

メグロが棲む母島などは天敵といえば、タカ科のノスリくらいしかいない。肉食の哺乳類がいないためか、人間のこともまるで怖がらない。１９８０年前後、僕が母島を訪れたとき、僕の帽子にメグロが止まったことがあって、驚いたくらいだ。

ヒトもヒト以外の動物も、居心地があまりにいいところに安住すると、保守的になって、冒険心が薄れるのだろうとしか思えない。

32 ヒトはなぜ世界中に広がったのか？

「出アフリカ」して、世界中に広がったヒト

今やヒトは、世界中のあちこちに生息している。酷寒の地にも酷暑の地にも、高地にも川沿いにも海辺にも、地下にも高層マンションにも住んでいる。さすがに海や川の中には住めないけれど、ヒトは世界のさまざまなところに住んでいる。

ヒトの系統はおよそ700万年前にアフリカに現われて、だいたい200万年前にホモ属が出てくる。

100万年ほど前に当時のホモの一つであるホモ・エレクトスがアフリカを出たと考えられている。『旧約聖書』の出エジプトに倣《なら》えば、「出《しゅつ》アフリカ」

だ。

ホモ・エレクトスはアフリカからアジア各地に進出して、のちにはジャワ原人や北京原人になる。日本に来たのかどうかはわかっていないけれど、結局、この時にアフリカを出たホモ・エレクトスあるいはそこから派生した種はすべて滅んでしまった。

出アフリカしたホモのうち、ヨーロッパに進出したのはネアンデルタール人だよ。でも、ネアンデルタール人は今から２万５０００年ほど前に絶滅してしまった。

われわれホモ・サピエンスは16万年ほど前にアフリカで誕生したと考えられている。出アフリカしないでアフリカにとどまっていたホモ・エレクトスあるいはその近縁種から進化した。

そのホモ・サピエンスはおよそ10万年前にアフリカを出る。そしてヨーロッパ、アジア、オーストラリアへと移動する。オーストラリアにホモ・サピエンスが渡ったのは７万～６万年前で、日本に来たのは２万年ほど前。けっこう最近だ。

今の沖縄県具志頭《ぐしかみ》で発見された港川人《みなとがわじん》は約1万8000年前の現生人類だ。それから数千年後、だいたい1万2000年前から、日本では縄文時代が始まる。

ヒトはこうして世界各地にどんどん進出して、今や世界中に70数億人も生息するまでになった。増えすぎだ。

ほかの種を滅ぼしていった人類

丸太舟か何かを使ってオーストラリアに渡ったヒトは、さまざまな種《しゅ》を絶滅させていった。2トンくらいある巨大なウォンバットの仲間や小型自動車ほどの巨大なカメのような有袋類などがヒトによって全滅させられている。

オーストラリアに渡ったヒトは、のちにアボリジニになる。アボリジニは18世紀の末ごろからイギリス人によって虐殺されたり、激しい差別に遭ったりしている。アボリジニに対する差別問題は、今も完全に解決されたわけではない。

でも、そのアボリジニ（の先祖）も、オーストラリアに入ってきた当初は、ほかの生物をたくさん殺し、絶滅までさせている。ヒトという種は異質な他者を絶滅させるパトスを持っているのかもしれない。

ヒトはアメリカにも進出した。1万5000年ほど前、当時、氷河期で凍っていたアリューシャン列島を渡って、北アメリカに渡ったと考えられる。陸続きになったから、渡れたのだとも思うけれど、それにしても厳寒だよ。よく行けたなと思う。

彼らはアメリカ大陸を南下し、1000年ほど後にアメリカ大陸の南端に達している。アジアからアメリカに渡った人々はのちにアメリカン・インディアンと呼ばれるアメリカの先住民だけど、彼らが上陸して以降、多くの哺乳類が滅んでいる。北アメリカでは、インペリアルマンモスやコロンビアマンモスが絶滅している。

南アメリカでは6メートルもあるメガテリウムが絶滅している。メガテリウムは地上性のナマケモノで、今から1万年前までは生存していたと考えられる。ほぼ間違いなく、ヒトが滅ぼしたのだろう。

アメリカの先住民も、オーストラリアのアボリジニと同様に、その後に入植してきた西洋人に虐殺されたり迫害されたりした。そのアメリカ先住民も、それ以前には多くの動物を絶滅に追いやった歴史がある。

旧大陸のマンモスも、今から1万年ほど前までは生きていた。ヒトがマンモスを狩ることで、マンモスの絶滅を早めたことは確かだろう。

人類がいろいろな種を絶滅させていったのは、何も今に始まったことではない。大昔からそうだったのだ。

ホモ・サピエンスとネアンデルタール人の混血

ホモ・サピエンスが世界に広がっていく過程で、ホモ・サピエンスとネアンデルタール人が混血して現代人のＤＮＡの中にネアンデルタール人のＤＮＡが入っていることは確からしい。

約60万年前、ホモ・サピエンスとネアンデルタール人が分岐して、２万５０００年ぐらい前にネアンデルタール人は滅んだのだけど、ホモ・サピエンスとネアンデルタール人の間に生まれた子供もいたのだろう。

ネアンデルタール人の核ＤＮＡは現代人に多少入っているが、ネアンデルタール人のミトコンドリアＤＮＡは現代人には入っていないようだ。考えられるパターンは一つだけだ。それは、ネアンデルタール人の男性とホモ・サピエンスの女性との間に生まれた子供の子孫が現代人の中にいるということだ。

ここでポイントになるのはミトコンドリアだ。

ミトコンドリアは各細胞の中で生きている単細胞生物みたいなもので、独自のＤＮＡを持ち母親だけから受け継がれる。精子にもミトコンドリアは存在するけれど、受精のときに精子から卵《らん》に入るのは核だけで、精子のミトコンドリアは卵に入らない。

ということは、ミトコンドリアは母系だけで受け継がれることになる。母から娘へ、娘から孫娘へと受け継がれていく。

だから、ネアンデルタール人のミトコンドリアＤＮＡを持った現代人はいないとなると、ネアンデルタール人の血が入っている現代人はネアンデルタール人の男性とホモ・サピエンスの女性の間に生まれた子供の子孫ということになる。

では、ホモ・サピエンスの男性とネアンデルタール人の女性の間に生まれた子供は存在しなかったのだろうか。

まず前提として、赤ん坊は母親によって育てられる。とすると、ホモ・サピエンスの男性の子供を身ごもったネアンデルタール人の女性は、ネアンデルタール人の部族のもとで赤ん坊を産んで育てたと考えられる。でも、この子の子孫はネアンデルタール人の部族の消滅とともにこの世から消えてしまった可能性が高い。ネアンデルタール人は滅んでしまったのだから。

一方、ネアンデルタール人の男性の子供を身ごもったホモ・サピエンスの女性は、ホモ・サピエンスの部族のもとで赤ん坊を産んで育てたと考えられる。この子の子孫は今も存在している可能性がある。われわれ、つまりホモ・サピエンスは今も存在しているからだ。

こうして考えると、やはりネアンデルタール人の血が入っている現代人は、ネアンデルタール人の男性とホモ・サピエンスの女性の間に生まれた子供の子孫に限られてしまう。

増え続ける世界人口を止めろ！

世界中に広がっていったヒトは今、世界に約73億人もいる。73億人って、すごい数だし、世界人口の増え方もすさまじい。なにしろ1万年くらい前には、ヒトは世界中で500万〜1000万人ほどしかいなかったのだから。

1万年前から8000年ほど経った紀元元年前後の世界人口はおよそ2億人。1万年前の人口が500万人とするとその40倍、1000万人とするとその20倍だから、8000年間でだいぶ増えたことがわかる。

20世紀初頭になると、世界の人口は約16億5000万人になる。だいたい今から100年前の人口だけど、紀元元年前後から2000年弱で14億人ほど増えている。それでも、今の人口よりはずっと少ない。

そして、現在の世界人口は73億人だ。ということは、この100年で50億人以上増えている。どう考えても、増えすぎだ。

ヒトが我が世の春を謳歌し、繁栄するのは、ヒトの一人としてうれしいけれど、ヒトだけが栄えればいいというものでもない。人口が増えることで絶滅に追いやられている生物はたくさんいるし、人口増加と自然破壊は決して無縁ではない。

資源や人間の食料のことを考えても、人口はもっと減ったほうがよい。今の半分以下の30億人程度なら、世界の人々が飢餓に直面することはなくなるだろう。人口が減れば、資源の争奪で争うこともなくなるから、戦争もだいぶ少なくなるに違いない。

日本の人口も、６０００万人ほどで十分だし、そのほうが一人一人が豊かに暮らせる。

約７００万年前にチンパンジーの系統から分岐したヒトは、紆余曲折しながら、16万年前にホモ・サピエンスが現われ、世界中に広がっていった。しかし今では、ヒトはあまりに増えすぎてしまった。

ヒトの世がこれからも続くようにするためにも、人口は減らしたほうがいい。世界的な人口抑制政策は、実は待ったなしなのだ。

著者紹介
池田清彦（いけだ　きよひこ）
1947年、東京生まれ。生物学者。東京教育大学理学部生物学科卒業。東京都立大学大学院生物学専攻博士課程修了。山梨大学教育人間科学部教授を経て、現在、早稲田大学国際教養学部教授、山梨大学名誉教授。専門は、理論生物学、構造主義生物学。多元的な価値観に基づく構造主義科学論を提唱して注目を集める。無類の昆虫採集マニアでもある。フジテレビ系「ホンマでっか!?TV」の歯に衣着せないコメントが人気。
主な著書に、『生物学の「ウソ」と「ホント」』（新潮社）、『生物多様性を考える』（中公選書）、『昆虫のパンセ』（青土社）、『ナマケモノに意義がある』（角川oneテーマ21）、『環境問題のウソ』（ちくまプリマー新書）、『やがて消えゆく我が身なら』（角川ソフィア文庫）、『がんばらない生き方』（中経の文庫）、『新しい生物学の教科書』『この世はウソでできている』（以上、新潮文庫）、『なぜ生物に寿命はあるのか？』（PHP文庫）などがある。

本書は、第２章は月刊誌『くらしラク～る♪』（2015年４月号～9月号）に連載された「女性はなぜハイヒールをはくのか」に大幅に加筆・再編集し、第１章、第３章は新たに書き下ろしたものである。

編集協力　平出 浩
本文イラスト　伊藤ハムスター

PHP文庫　オトコとオンナの生物学

2016年6月15日　第1版第1刷

著　者	池　田　清　彦
発行者	小　林　成　彦
発行所	株式会社ＰＨＰ研究所

東京本部　〒135-8137 江東区豊洲5-6-52
文庫出版部　☎03-3520-9617(編集)
普及一部　☎03-3520-9630(販売)
京都本部　〒601-8411 京都市南区西九条北ノ内町11
PHP INTERFACE　http://www.php.co.jp/

組　版	朝日メディアインターナショナル株式会社
印刷所 製本所	共同印刷株式会社

ISBN978-4-569-76566-2